O SENTIDO DA EXISTÊNCIA HUMANA

EDWARD O. WILSON

O sentido da existência humana

Tradução
Érico Assis

2ª reimpressão

COMPANHIA DAS LETRAS

Grafia atualizada segundo o Acordo Ortográfico da Língua Portuguesa de 1990, que entrou em vigor no Brasil em 2009.

Título original
The Meaning of Human Existence

Capa
Kiko Farkas e Ana Lobo/ Máquina Estúdio

Ilustração de capa
Kiko Farkas

Preparação
Duda Albuquerque

Índice remissivo
Luciano Marchiori

Revisão
Huendel Viana
Ana Maria Barbosa

Dados Internacionais de Catalogação na Publicação (CIP)
(Câmara Brasileira do Livro, SP, Brasil)

Wilson, Edward O.
O sentido da existência humana / Edward O. Wilson; tradução Érico Assis. — 1ª ed. — São Paulo : Companhia das Letras, 2018.

Título original: The Meaning of Human Existence.
ISBN 978-85-359-3153-2

1. Antropologia filosófica 2. Humanidade I. Título.

18-18312 CDD-128

Índice para catálogo sistemático:
1. Antropologia filosófica 128

Iolanda Rodrigues Biode — Bibliotecária — CRB-8/10014

[2022]

EDITORA SCHWARCZ S.A.
Rua Bandeira Paulista, 702, cj. 32
04532-002 — São Paulo — SP
Telefone: (11) 3707-3500
www.companhiadasletras.com.br
www.blogdacompanhia.com.br
facebook.com/companhiadasletras
instagram.com/companhiadasletras
twitter.com/cialetras

Sumário

I
POR QUE EXISTIMOS

A HISTÓRIA NÃO TEM MUITO SENTIDO SEM A PRÉ-HISTÓRIA, E A PRÉ-HISTÓRIA NÃO TEM MUITO SENTIDO SEM A BIOLOGIA. O CONHECIMENTO DA PRÉ-HISTÓRIA E DA BIOLOGIA ANDA A PASSOS LARGOS, TRAZENDO MAIOR FOCO À ORIGEM DA HUMANIDADE E AO PORQUÊ DE UMA ESPÉCIE COMO A NOSSA EXISTIR NESTE PLANETA.

1. O sentido do sentido

A humanidade ocupa um lugar especial no universo? Qual o sentido de nossa vida? Creio que já aprendemos o suficiente sobre o universo e sobre nós mesmos para fazer essas perguntas, à nossa maneira experimental e passível de resposta. Com os próprios olhos podemos enxergar através do espelho escuro, cumprindo a profecia de Paulo: "Hoje, conheço em parte; então conhecerei perfeitamente, da mesma maneira como plenamente sou conhecido". Nosso lugar e nosso sentido, porém, não vêm sendo revelados como Paulo esperava — de modo algum. Vamos tratar desse assunto. Vamos raciocinar juntos.

Proponho uma jornada com essa finalidade, da qual peço para ser o guia. Nosso percurso começará pela origem da espécie humana e seu lugar no mundo da vida, questões das quais já tratei, em contexto diverso, em *A conquista social da Terra*. A seguir, partindo das ciências naturais, o trajeto se aproximará, mediante certos passos, das humanidades, e depois, regressando às ciências naturais, do problema mais difícil que é "Aonde vamos?", assim como da pergunta mais difícil entre todas: "Por quê?".

Creio que é chegado o momento de propor a possibilidade de unificação dos dois grandes ramos do saber. As humanidades teriam interesse em colonizar as ciências? Quem sabe com um pouquinho de ajuda? Que tal substituir a ficção científica — a fantasia de uma única mente — por mundos novos, com muito mais diversidade e baseados na ciência real, construída por muitas mentes? Poetas e artistas visuais poderiam cogitar descobrir, no mundo real, para além dos sonhos corriqueiros, as dimensões inexploradas, a profundidade, o sentido? Teriam interesse em encontrar a verdade no que Nietzsche chamou, em *Humano, demasiado humano*, de cores do arco-íris ao redor das bordas externas do saber e da imaginação? É lá que se encontrará o sentido.

Em seu emprego usual, a palavra "sentido" implica intenção; intenção implica criação, e criação implica um criador. Qualquer entidade, processo ou definição de qualquer palavra é fruto de uma consequência intencional elucubrada pelo criador. Aí está o cerne da visão filosófica de mundo das religiões organizadas e particularmente dos mitos da criação. Que a humanidade existe com um propósito. Os indivíduos têm um propósito na Terra. Humanidade e indivíduos possuem sentido.

A palavra "sentido" pode ser empregada de modo mais abrangente, implicando outra forma de ver o mundo. Os acidentes da história, não as intenções de um criador, geram o sentido. Não existe uma criação prévia, mas redes sobrepostas de causa e efeito físicos. O desenrolar da história obedece apenas às leis gerais do universo. Cada acontecimento é aleatório, mas modifica a probabilidade de futuros acontecimentos. Ao longo da evolução biológica, por exemplo, a origem de uma adaptação pela seleção natural torna provável o surgimento de determinadas outras adaptações. Essa noção de sentido, no que diz respeito a jogar uma luz sobre a humanidade e o restante da vida, é a visão de mundo da ciência.

Seja no cosmos, seja na condição humana, o segundo sentido, mais inclusivo, existe na evolução da realidade atual em meio a infinitas outras realidades possíveis. Quanto mais complexas as entidades e processos biológicos, mais os organismos tendiam a se comportar de modo a fazer uso do sentido intencional: de início havia o sistema sensorial e o sistema nervoso dos primeiros organismos multicelulares, depois o cérebro organizador e, por fim, um comportamento que responde à intenção. Ao tecer sua teia, a aranha, consciente ou não do resultado, pretende capturar moscas. Esse é o sentido da teia. O cérebro humano evoluiu conforme a regra da teia de aranha. Qualquer decisão de um ser humano tem um sentido de acordo com a primeira acepção, a da intenção. Mas a capacidade de decidir, e como e por que essa capacidade passou a existir, assim como as consequências daí advindas, são o sentido mais amplo, de base científica, da existência humana.

A primeira dentre as consequências é a capacidade de imaginar futuros possíveis, e de planejá-los e escolher entre eles. Utilizar essa capacidade singularmente humana com pouca ou muita sabedoria vai depender de quão afiada for a compreensão de si. A questão de maior relevância é como e por que somos como somos e, a partir daí, o sentido de nossas conflitantes visões sobre o futuro.

Os avanços da ciência e da tecnologia nos levarão ao maior dilema moral desde que Deus deteve a mão de Abraão: quanto customizar o genótipo humano. Muito, pouco ou nada? Seremos forçados a tomar essa decisão porque nossa espécie começou a transpor o mais importante, embora menos investigado, dos limiares da era tecnocientífica. Estamos prestes a abandonar a seleção natural, o processo que nos criou, para conduzir a evolução segundo a seleção volitiva — o processo de redesenhar a biologia e a natureza humana da maneira como as desejarmos. A prevalência de determinados genes (mais precisamente alelos, as variações na codificação do mesmo gene) sobre outros não mais resultará de forças ambientais, a maioria das quais fora do controle ou mesmo do entendimento humano. Os genes e os traços que eles prescrevem poderão ser o que bem entendermos. Que tal uma vida mais longa, memória ampliada, melhor visão, menos agressividade, maior potencial atlético, odor corporal agradável? A lista de compras não tem fim.

Na biologia, são rotineiras as explicações do tipo como-e-por-quê, e elas se apresentam como causas "próximas" e causas "últimas" dos processos vivos. Um exemplo de causa próxima: temos duas mãos e dez dedos, com os quais fazemos isso e aquilo. A causa última explicaria *por que* temos duas mãos e dez dedos, e *por que* fazemos isso e aquilo com eles, e não outra coisa. A explicação da causa próxima reconhece que a anatomia e as emoções são programadas para levar a cabo determinadas atividades. A explicação da causa última responde à pergunta: "Por que essa programação e não outra?". Para explicar a condição humana, ou seja, para dar sentido à existência humana, são necessários os dois níveis de explicação.

Nos ensaios a seguir, tratei da segunda acepção de sentido, mais ampla, da nossa espécie. Defendo que a humanidade surgiu absolutamente por conta própria, por meio de uma série cumulativa de acontecimentos ao longo da evolução. Não estamos predestinados a alcançar nenhuma meta, tampouco temos que responder a outro poder que não o nosso. É apenas a sabedoria baseada no autoconhecimento, não na devoção, que há de nos salvar. Não haverá redenção nem segunda chance outorgada pelos céus. Temos apenas este planeta para habitar e este sentido a descortinar. Para dar esse passo em nossa jornada, para compreender a condição humana, precisamos de uma definição muito mais ampla de história do que a que se utiliza convencionalmente.

2. Resolvendo o enigma da espécie humana

Para entender a atual condição humana é preciso somar a evolução biológica de uma espécie às circunstâncias que levaram à sua pré-história. A tarefa de compreender a humanidade é demasiado importante e intimidadora para ser deixada exclusivamente às humanidades. Suas diferentes ramificações, da filosofia ao direito, da história às artes criativas, já descreveram as particularidades da natureza humana de cabo a rabo, em combinações infinitas, de uma forma genial e com refinamento de detalhes. Mas elas não explicaram por que temos nossa natureza e não outra dentre um vasto número de naturezas concebíveis. Nesse sentido, as humanidades não alcançaram e tampouco alcançarão a compreensão integral do sentido da existência de nossa espécie.

Portanto, qual seria a melhor resposta à pergunta "o que somos?". A chave para o grande enigma está nas circunstâncias e no processo que criaram nossa espécie. A condição humana é produto da história — não apenas dos seis milênios de civilização, mas de muito tempo antes, de centenas de milênios. Para chegar à resposta completa do mistério, as evoluções biológica e cultural devem ser exploradas em sua totalidade e como uma unidade. Quando considerada em sua travessia total, a história da humanidade também se torna a chave para aprender como e por que nossa espécie surgiu e sobreviveu.

A maioria das pessoas prefere interpretar a história como o desdobramento de uma criação sobrenatural, a cujo autor devemos obediência. Mas essa interpretação reconfortante tornou-se menos sustentável à medida que o conhecimento do mundo real se expandiu. O conhecimento científico, em particular, mensurado pelo número de cientistas e publicações científicas, duplica a cada dez, vinte anos há mais de um século. Nas explicações tradicionais de outrora, mitos religiosos sobre a criação misturavam-se às humanidades para conferir sentido à existência de nossa espécie. É chegada a hora de pensar o que a ciência pode dar às humanidades e o que as humanidades podem dar à ciência, na busca comum por uma resposta sobre o grande enigma da existência, fundamentada num solo mais firme do que no passado.

Para começar, biólogos descobriram que a origem biológica do comportamento social avançado nos humanos é similar à que ocorreu no reino animal. Com base em estudos comparados de milhares de espécies animais, de insetos a mamíferos, chegamos à conclusão de que as sociedades mais complexas surgiram da *eussocialidade* — que, grosso modo, quer dizer a "verdadeira" condição social. Por definição, os integrantes de um grupo eussocial cooperam na criação dos jovens ao longo de várias gerações. Eles também dividem o trabalho com base na renúncia de alguns integrantes de sua reprodução pessoal, ou de pelo menos parte dela, para incrementar o "sucesso reprodutivo" (reprodução no decurso da vida) de outros integrantes.

A eussocialidade é esquisita por diversas razões. Uma delas é sua extrema raridade. Entre as centenas de milhares de linhagens evolutivas de animais nos últimos 400 milhões de anos, essa condição surgiu — até onde pudemos determinar — apenas dezenove vezes, dispersa entre insetos, crustáceos marinhos e roedores subterrâneos. Caso incluíssemos o ser humano, o número seria vinte. Talvez essa estimativa seja baixa, talvez grosseira, devido a erro de amostragem. No entanto, podemos ter certeza de que o número de rebentos da eussocialidade foi relativamente muito pequeno.

Além disso, as espécies eussociais conhecidas surgiram muito tardiamente na história da vida. A eussocialidade aparentemente não ocorreu durante a grande diversificação paleozoica dos insetos, 350 milhões a 250 milhões de anos atrás, período em que a variedade de insetos se aproximou da atual. Tampouco há evidência, até o momento, de espécies eussociais que tenham existido durante a era mesozoica e até o surgimento dos primeiros cupins e formigas, entre 200 milhões a 150 milhões de anos atrás. Os humanos do nível *Homo* surgiram apenas recentemente, após dezenas de milhões de anos de evolução entre os primatas do Velho Mundo.

Uma vez atingido, o comportamento social avançado de nível eussocial obteve grande sucesso ecológico. Das dezenove linhagens independentes que se conhecem entre os animais, apenas duas entre os insetos — formigas e cupins — dominam globalmente os invertebrados em terra. Embora sejam representados por menos de 20 mil dos milhões de espécies ativas e conhecidas de insetos, formigas e cupins compõem mais da metade da totalidade de insetos no planeta.

A história da eussocialidade levanta uma questão: dada a enorme vantagem que ela confere, por que essa forma avançada de comportamento social tem sido tão rara e por que demorou tanto para surgir? A resposta parece estar na sequência especial de transformações evolutivas preliminares que precisam acontecer antes que se dê o último passo rumo à eussocialidade. De todas as espécies eussociais analisadas até hoje, o último passo antes da eussocialidade é a construção de um ninho protegido, a partir do qual se enviam expedições forrageiras [em busca de comida] e dentro do qual os jovens são criados até a maturidade. Os arquitetos originais do ninho podem ser uma única fêmea, um par acasalado ou um grupo pequeno minimamente organizado. Quando se atinge esse último passo preliminar, tudo o que se precisa para criar uma colônia eussocial é que os pais e a prole fiquem no ninho e cooperem para gerar mais descendentes. Esses grupos primitivos então se dividem facilmente entre forrageadores propensos ao risco e pais e amas avessos ao risco.

O que fez com que uma única linhagem de primatas atingisse o raro nível da eussocialidade? Paleontólogos descobriram que as circunstâncias foram humildes. Há mais ou menos 2 milhões de anos, na África, uma espécie de australopitecíneos primariamente vegetariana começou a variar a dieta, evidentemente, e passou a depender muito mais de carne. Para o grupo obter essa fonte de alimento tão energética e tão dispersa, não compensava vagar como um bando pouco organizado de adultos e crianças, qual os atuais chimpanzés e bonobos. Era mais eficiente ocupar um acampamento (daí o ninho) e despachar caçadores que pudessem trazer carne, caçada ou coletada, para dividir com os outros. Em troca, os caçadores recebiam a proteção do acampamento e de sua prole.

A partir de estudos sobre humanos modernos — incluindo os caçadores-coletores, cujas vidas nos dizem sobre as origens humanas —, psicólogos sociais deduziram o crescimento mental iniciado com a caça e os acampamentos. Relacionamentos interpessoais atrelados à competição e à cooperação eram vantajosos. O processo era incessantemente dinâmico e exigente. Excedia em muito experiências similares dos bandos pouco organizados, errantes, da maioria das sociedades animais. Requeria memória boa o suficiente para avaliar as intenções de outros membros, assim como para prever suas respostas de um momento ao outro, e, fator de importância decisiva, a capacidade de inventar e ensaiar internamente conflitantes cenários de interações futuras.

A inteligência social dos pré-humanos radicados em acampamentos evoluiu numa espécie de jogo de xadrez permanente. Hoje, ao término desse processo evolutivo, nossos imensos bancos de memória são ativados sem percalços para combinar passado, presente e futuro. Eles nos permitem avaliar perspectivas e consequências de alianças, vínculos, contato sexual, rivalidade, domínio, impostura, lealdade e traição. Instintivamente, nós nos deleitamos em contar inúmeras histórias sobre os outros, atores dispostos em nosso palco interno. O melhor disso se manifesta nas artes criativas, na teoria política e em outras das atividades de alto nível que viemos a chamar de humanidades.

A parte definitiva do longo mito da criação começou evidentemente com o primitivo *Homo habilis* (ou uma espécie próxima) há 2 milhões de anos. Antes dos habilinos, os pré-humanos eram animais. Vegetarianos em sua maioria, tinham corpos semi-humanoides, mas a capacidade cranial ainda era a dos chimpanzés — seiscentos centímetros cúbicos ou menos. A partir do período habilino, essa capacidade cresceu rapidamente: se no *Homo habilis* era de 680 centímetros cúbicos, no *Homo erectus* era de novecentos centímetros cúbicos e, no *Homo sapiens*, cerca de 1400 centímetros cúbicos. Na história da vida, a expansão do cérebro humano foi um dos mais velozes episódios de evolução complexa de tecidos.

Ainda assim, reconhecer a extraordinária associação de primatas cooperativos não basta para dar conta de todo o potencial dos humanos modernos providos de grande capacidade cerebral. Biólogos evolucionistas também já procuraram o grão-mestre da evolução social avançada, a combinação de circunstâncias ambientais e forças que conferiram maior longevidade e maior sucesso reprodutivo aos que possuem alta inteligência social. Estão em disputa duas teorias concorrentes sobre essa força maior. A primeira aposta na seleção de parentesco: os indivíduos dão preferência a parentes colaterais (que não a prole), o que contribui para a evolução do altruísmo entre membros do mesmo grupo. O comportamento social complexo pode evoluir quando os integrantes do grupo, pelo altruísmo — calculado conforme o comportamento em relação a outros membros —, obtêm mais benefícios individuais no número de genes transmitidos para a geração seguinte do que perdas. Ao efeito combinado de sobrevivência e reprodução do indivíduo dá-se o nome de aptidão inclusiva; a explicação da evolução por meio desse processo é chamada teoria da aptidão inclusiva.

Na segunda teoria, de discussão mais recente (e aqui esclareço que sou um dos autores da versão mais moderna), o grão-mestre é a seleção multinível. Essa formulação reconhece dois níveis em que a seleção natural opera: a seleção individual, baseada na competição e cooperação entre membros do mesmo grupo, e a seleção de grupo, que surge da competição e cooperação entre grupos. A seleção de grupo pode se dar a partir do conflito violento ou da competição pela busca e coleta de novos recursos. A seleção multinível vem ganhando força entre biólogos evolucionistas — provas matemáticas recentes demonstraram que a seleção de parentesco pode funcionar apenas sob condições especiais que raramente existem, se é que existem. Além disso, a seleção multinível também se aplica com mais facilidade a todos os casos factíveis de evolução eussocial no mundo animal, enquanto a seleção de parentesco, mesmo quando plausível em termos hipotéticos, não se encaixa tão bem ou não se encaixa em absoluto. (No capítulo 6 voltarei a esse assunto com mais profundidade.)

Os papéis da seleção individual e de grupo se evidenciam nos detalhes do comportamento social humano. As pessoas têm enorme interesse pelas minúcias do comportamento dos que vivem a seu redor. A fofoca impera, dos acampamentos dos caçadores-coletores às cortes da realeza. A mente é um caleidoscópico em constante movimento — um mapa composto de membros do grupo e outros de fora, cada um deles avaliado emocionalmente em graus de confiança, amor, ódio, desconfiança, admiração, inveja e sociabilidade. Somos compulsivamente levados a pertencer a grupos ou a criá-los conforme necessário — grupos aninhados de diversas formas, ou sobrepostos, ou apartados, e que vão dos muito grandes aos muito pequenos. Quase todos concorrem com aqueles de mesma variedade, por um motivo ou outro. Ainda que nosso discurso seja amável e generoso, tendemos sempre a pensar em nosso grupo como superior, e definimos nossas identidades como membros dentro deles. A existência da rivalidade, incluindo aí os conflitos militares, tem sido a chancela de sociedades que remontam à pré-história, como provam evidências arqueológicas.

Características fundamentais da origem biológica do *Homo sapiens* começam a ganhar luz, e dessa elucidação emerge a possibilidade de um contato mais proveitoso entre a ciência e as humanidades. A convergência entre essas duas grandes ramificações do aprendizado será de importância crucial quando mais gente já tiver avaliado seu potencial. Do lado da ciência, tanto da genética quanto das neurociências, a biologia evolutiva e a paleontologia serão percebidas individualmente sob nova luz. Estudantes vão aprender tanto sobre a pré-história quanto sobre história, e o conjunto será devidamente apresentado como a maior epopeia do mundo vivo.

Equilibrando orgulho e humildade, também poderemos encarar mais seriamente nosso lugar na natureza. Enaltecidos, nos alçamos à condição de mente da biosfera, nosso espírito singularmente capaz de espanto e saltos da imaginação cada vez mais deslumbrantes. Mas ainda fazemos parte da fauna e da flora terrestre, conectados a elas pelas emoções, pela fisiologia e, não menos, pelo nosso longo histórico comum. É uma bobagem pensar que o planeta seria uma estação intermediária para um mundo melhor. Da mesma forma, a Terra seria insustentável se fosse transformada numa espaçonave projetada por humanos.

A existência humana talvez seja mais simples do que imaginamos. Não existe predestinação, não há mistério insondável da vida. Demônios e deuses não disputam nossa lealdade. Em vez disso, somos constituídos por esforço próprio, somos independentes, frágeis e estamos sozinhos, uma espécie biológica adaptada a viver num mundo biológico. O que importa para a sobrevivência de longo prazo é o autoentendimento inteligente, baseado em num pensamento mais independente do que o que hoje se tolera mesmo em nossas sociedades democráticas mais avançadas.

3. A evolução e nosso conflito interno

Seriam os seres humanos intrinsecamente bons mas corruptíveis pelas forças do mal, ou, ao contrário, naturalmente pecadores mas suscetíveis à redenção pelas forças do bem? Somos constituídos para jurar a vida a um grupo, mesmo correndo o risco de morte, ou nos situamos, e a nossas famílias, acima de tudo? As evidências científicas, boa parte das quais foram provadas nos últimos vinte anos, sugerem que somos as duas coisas ao mesmo tempo. Todos temos conflitos inatos. Fazer o jogo a qualquer preço ou delatar? Doar para a caridade ou investir em CDBs? Negar a infração no trânsito ou admiti-la? Não posso seguir adiante sem expor minhas contradições. Em 1978, quando Carl Sagan venceu o prêmio Pulitzer de não ficção, desprezei a honraria como conquista menor para um cientista, pouco digna de nota. No ano seguinte, quando ganhei o mesmo Pulitzer, como que por magia o prêmio passou a ser um reconhecimento literário ao qual os cientistas deveriam dar a merecida atenção.

Somos todos quimeras genéticas, santos e pecadores ao mesmo tempo, advogados da autenticidade e hipócritas — não porque a humanidade tenha fracassado em alcançar um ideal religioso ou ideológico predeterminado, mas devido à maneira como nossa espécie surgiu ao longo de milhões de anos da evolução biológica.

Não quero ser mal interpretado. Não estou insinuando que somos impulsionados pelo instinto, como os animais. Porém, para entender a condição humana, é preciso aceitar que temos instintos e que seria prudente levar em consideração nossos ancestrais mais distantes — o mais distante possível e com o máximo de detalhamento possível. A história, por si só, não pode alcançar esse nível de entendimento. Ela se detém na alvorada do letramento, quando entrega o restante da narrativa à investigação detetivesca da arqueologia. Se recuarmos a tempos mais remotos, passa a ser uma questão de paleontologia. Para uma narrativa humana realista, a história deve abranger tanto o biológico quanto o cultural.

No âmbito da biologia em si, a chave para o mistério está na força que fez o comportamento social pré-humano emergir ao nível humano. O candidato líder na disputa para a explicação é a seleção multinível, segundo a qual o comportamento social hereditário aumenta a capacidade competitiva não só dos indivíduos dentro dos grupos, mas entre os grupos em geral.

É preciso não esquecer que durante a evolução biológica a unidade de seleção natural não é a do organismo individual ou do grupo, erro no qual alguns divulgadores científicos incorreram. É o gene (mais precisamente os alelos, ou as múltiplas formas do mesmo gene). O alvo da seleção natural é o traço prescrito pelo gene. O traço pode ser de natureza individual e selecionado em concorrência entre indivíduos de dentro ou de fora do grupo. Ou ainda pode ser socialmente interativo com outros integrantes do grupo (como em termos de comunicação e cooperação) e selecionado por concorrência entre grupos. Um grupo de indivíduos pouco cooperativos e que mal se comunicam perderá para concorrentes mais organizados. Os genes dos perdedores vão declinar ao longo das gerações. Entre os animais, as consequências da seleção de grupo podem ser observadas com mais clareza no sistema de castas primorosamente programado das formigas, dos cupins e de outros insetos sociais, mas também se manifestam em sociedades humanas. Não é nova a ideia da seleção entregrupos como força que opera concomitantemente à seleção entreindivíduos. Charles Darwin deduziu com acerto a função dela, primeiro nos insetos e depois na espécie humana, em *A origem das espécies* e *A descendência do homem*, respectivamente.

Após anos de pesquisa, estou convencido de que a seleção multinível, que atua fortemente na concorrência grupo a grupo, tem sido a força maior a forjar o comportamento social avançado — incluindo o dos humanos. Com efeito, parece claro que quanto mais arraigados são os produtos evolutivos de comportamentos selecionados pelo grupo, quanto mais integrados à presente condição humana, mais os consideramos elementos imutáveis da natureza, como o ar e a água. Na verdade, são traços idiossincráticos da nossa espécie. Entre eles se encontra o intenso interesse, obsessivo até, do indivíduo por outras pessoas, que começa nos primeiros dias de vida, quando as crianças tomam conhecimento de determinados odores e sons dos adultos ao redor. Pesquisadores da área da psicologia descobriram que todo ser humano normal é um gênio em identificar intenções de outros, estejam eles avaliando, pregando, criando laços, cooperando, fofocando ou controlando. Ao circular por sua rede social, cada pessoa relembra praticamente o tempo todo experiências passadas enquanto imagina as consequências de futuros cenários. Inteligência social desse naipe se encontra em muitos animais sociais e alcança seu nível mais alto em chimpanzés e bonobos, nossos primos evolutivos mais próximos.

Um segundo traço hereditário próprio do comportamento humano é a instintiva e poderosa urgência de, antes de mais nada, pertencer a grupos, traço compartilhado com a maioria dos animais sociais. O isolamento forçado é doloroso, pode até levar à loucura. Pertencer a um grupo — a uma tribo — define grande parte da identidade da pessoa. Também lhe confere, em um ou outro nível, uma sensação de superioridade. Quando, durante um experimento, psicólogos dividiram aleatoriamente em equipes voluntários que disputariam jogos banais, os integrantes de cada time logo consideraram mais incapazes e menos confiáveis os membros dos outros times, mesmo sabendo que a escolha dos grupos havia sido meramente fortuita.

Se tudo for igual (por sorte é raro que tudo seja igual, ou não exatamente igual), as pessoas preferem estar com quem seja parecido com elas, que fale o mesmo dialeto e tenha as mesmas crenças. O acirramento dessa predisposição claramente congênita leva, com facilidade assustadora, ao racismo e à intolerância religiosa. É aí que, com a mesma facilidade assustadora, pessoas boas fazem coisas más. Conheço isso por experiência própria, tendo crescido no Sul dos Estados Unidos durante os anos 1930 e 1940.

Poderíamos supor que a condição humana seja tão distinta e tenha surgido tão tardiamente na história da vida na Terra que sugira a mão de um criador divino. Ainda assim, como já sublinhei, racionalmente a realização humana não teve nada de excepcional. Até o momento em que escrevo, na fauna do mundo moderno, biólogos já identificaram vinte linhas evolutivas que atingiram vida social avançada baseando-se em algum grau na divisão altruísta de trabalho. A maioria delas surgiu entre os insetos. Muitas tiveram origens independentes em camarões marinhos, e três surgiram entre mamíferos — em dois ratos-toupeira africanos e em nós. Todas chegaram a esse nível atravessando o mesmo portal estreito: indivíduos solitários, ou pares acasalados, ou pequenos grupos construíam ninhos, dos quais saíam para forragear e, abastecidos de alimento, progressivamente passavam a criar sua prole até a maturidade.

Até uns 3 milhões de anos atrás, os ancestrais do *Homo sapiens* eram sobretudo vegetarianos que provavelmente erravam de um lado para outro, em grupos, em busca de frutas, tubérculos e outros alimentos vegetais. Seus cérebros eram pouco maiores que os dos chimpanzés modernos. Há cerca de 500 mil anos, porém, grupos da espécie ancestral *Homo erectus* passaram a levantar acampamentos com fogo controlado — equivalente a ninhos —, dos quais saíam para forragear; voltavam com comida, incluindo porções substanciais de carne. O tamanho de seus cérebros havia crescido, alcançara um meio-termo entre o dos chimpanzés e o do *Homo sapiens* moderno. Ao que parece, essa tendência teve início há 1 milhão ou 2 milhões de anos, quando o ancestral pré-humano *Homo habilis* voltou-se cada vez mais para a dieta com carne. Com grupos amontoados num só local, e com a vantagem da cooperação na construção de ninhos e na caça, a inteligência social cresceu junto aos centros de memória e raciocínio no córtex pré-frontal.

Foi provavelmente nesse momento, durante o período do *habilis*, que surgiu uma disputa entre, de um lado, a seleção no nível individual, em que indivíduos concorrem com outros do mesmo grupo, e, de outro, a seleção de grupo, que corresponde à concorrência entre grupos. A segunda força fomentou o altruísmo e a cooperação entre os membros do grupo, promovendo a moralidade inata em todo o grupo e as noções de consciência e honra. A disputa entre as duas forças pode ser expressa sucintamente da seguinte forma: dentro do grupo, indivíduos egoístas se impunham aos altruístas; grupos de altruístas, porém, se impunham aos grupos de egoístas. Ou, correndo o risco de uma simplificação extrema, a seleção individual promoveu o pecado, enquanto a de grupo promoveu a virtude.

Assim, pois, graças à pré-história na seleção multinível, os humanos entraram em permanente conflito. Oscilam em instáveis e constantemente cambiantes posições entre as duas forças extremas que nos criaram. É improvável que possamos nos render totalmente a uma das forças para solucionar nossa turbulência social e política. Entregar-se por completo aos anseios instintivos que advêm da seleção individual seria desmantelar a sociedade. No extremo oposto, ceder aos anseios da seleção de grupo nos transformaria em robôs angelicais — uma versão gigantesca das formigas.

O conflito eterno não é uma prova que Deus infligiu à humanidade. Não é maquinação de Satã. É apenas o jeito como as coisas se organizaram. O conflito talvez seja a única maneira que existe no universo de a inteligência de nível humano e a organização social conseguirem evoluir. Pode ser que venhamos a encontrar um modo de viver com nossa turbulência congênita e nos deleitemos em entendê-la como fonte primária de nossa criatividade.

II
A UNIDADE DO CONHECIMENTO

EMBORA OS DOIS GRANDES RAMOS DO SABER, A CIÊNCIA E AS HUMANIDADES, DESCREVAM NOSSA ESPÉCIE DE FORMA RADICALMENTE DIFERENTE, ELES EMERGIRAM DA MESMA NASCENTE DO PENSAMENTO CRIATIVO.

4. O novo Iluminismo

Até o momento, exploramos apenas as origens biológicas da natureza humana, e, a partir delas, a ideia de que grande parte da criatividade humana advém do conflito inevitável e necessário entre os níveis do indivíduo e do grupo na seleção natural. A unidade implícita nessa explicação nos leva à próxima etapa da jornada que proponho: a noção de que ciência e humanidades têm as mesmas fundações, em particular no sentido de que as leis físicas de causa e efeito podem valer para as duas. É bem provável que o leitor reconheça essa proposta. A cultura ocidental já passou por aqui. Chamava-se Iluminismo.

Ao longo dos séculos XVII e XVIII, a ideia do Iluminismo dominou o mundo intelectual do Ocidente. À época, foi uma ideia avassaladora; para muitos, parecia o destino da espécie humana. Eruditos estavam perto de explicar tanto o Universo quanto o sentido da humanidade segundo as leis da ciência, então chamada filosofia natural. Para os iluministas, os grandes ramos do saber podiam ser unificados em uma rede contínua de causa e efeito. Assim, construído a partir da realidade e da razão, livre da superstição, todo conhecimento poderia se unir para constituir o que Francis Bacon, o maior dos precursores do Iluminismo, denominou, em 1620, "império do homem".

As pesquisas iluministas eram guiadas pela crença de que os seres humanos, por si sós, podem conhecer tudo o que pode ser conhecido, e, ao conhecer, podem compreender, e, ao compreender, adquirem o poder de decidir com mais sabedoria que antes.

No início do século XIX, contudo, o sonho recuou e o império de Bacon derrapou. E isso por dois motivos. Primeiro, embora os cientistas estivessem promovendo descobertas em ritmo exponencial, eles estavam longe das expectativas dos pensadores mais otimistas. Segundo, esse descompasso permitiu aos fundadores da tradição romântica da literatura, entre os quais alguns dos maiores poetas de todos os tempos, rechaçar as conjecturas da visão de mundo iluminista e buscar significado em outros foros, mais privados. A ciência era incapaz, e sempre seria, de penetrar no que as pessoas sentem em seu interior e que só expressam por meio das artes criativas. Depender do conhecimento científico, conforme acreditavam muitos — e ainda acreditam seus sucessores contemporâneos —, empobrecia o potencial humano.

No decorrer dos dois séculos seguintes e até os dias de hoje, a ciência e as humanidades seguiram seus rumos. É óbvio que físicos continuam a tocar em quartetos de corda, assim como romancistas escrevem livros louvando as maravilhas da ciência. Mas entre as duas culturas — como em meados do século XX passaram a ser chamadas — muitos viram instalar-se um abismo permanente, talvez intrínseco à própria natureza da existência.

De qualquer forma, simplesmente não se pensou em unificação em nenhum momento do longo eclipse do Iluminismo. Para se acomodar à crescente maré de informação, as disciplinas científicas fragmentaram-se em especialidades num ritmo quase bacteriano — rápido, depois mais rápido, depois mais rápido ainda. As artes criativas, por sua vez, continuaram prosperando com brilhantes e idiossincráticas expressões da imaginação humana. Havia pouquíssimo interesse em tentar reacender o que se percebia como busca filosófica antiquada e vã. Ainda assim, nunca foi provado que o Iluminismo era impossível. Ele não havia morrido. Estava apenas estagnado.

Vale a pena retomar essa busca? Existe alguma chance de realizá-la? Sim, porque hoje se tem conhecimento suficiente para torná-la mais atingível do que em seu desabrochar. E, sim, porque as soluções de muitos problemas da vida moderna dependem de soluções para o conflito entre religiões concorrentes, ambiguidades do raciocínio moral, alicerces inadequados do ambientalismo e (a maior de todas) o sentido da própria humanidade.

Estudar a relação entre a ciência e as humanidades deveria ser o cerne da educação liberal em qualquer lugar, tanto para estudantes de um ramo quanto do outro. Não será tarefa fácil. Entre os feudos da academia e dos especialistas é grande a variedade de ideologias e procedimentos aceitáveis. A vida intelectual ocidental é regida por especialistas sem o menor jogo de cintura. Na Universidade de Harvard, por exemplo, onde lecionei durante quatro décadas, o critério predominante para escolher novos docentes era a proeminência ou a promessa de proeminência em determinada especialidade. Começando pelas deliberações dos comitês de seleção do departamento, passando pelas recomendações do reitor da faculdade de artes e ciências e, por fim, pela palavra final do presidente de Harvard, escorado por um comitê *ad hoc* de convidados da própria universidade ou externos a ela, a questão essencial era: "O candidato é o melhor do mundo em sua especialidade de pesquisa?". Para dar aulas, quase sempre se tinha um critério mais maleável: "O candidato é adequado?". No geral, a filosofia condutora era que reunir um número suficiente de especialistas de renome mundial forjaria um superorganismo intelectual apto a atrair tanto estudantes quanto investidores.

Os primeiros estágios do pensamento criativo, os que contam, não surgem do puzzle das especializações. O cientista de maior êxito pensa como poeta — de forma abrangente, às vezes fantasiosa — e trabalha como contador — que é como o mundo o enxerga. Ao escrever um relatório para uma revista técnica ou participar de um congresso entre seus pares, o cientista evita metáforas. Tem o cuidado de jamais ser acusado de retórica ou lirismo. Talvez empregue algumas palavras de duplo sentido, mas apenas nos parágrafos introdutórios ou na discussão depois da conferência, ou se servirem para esclarecer um conceito técnico; jamais, porém, com o objetivo de provocar emoções. Sua linguagem deve sempre se restringir e obedecer à lógica baseada em fatos demonstráveis.

Na poesia e em outras artes criativas ocorre justo o contrário. A metáfora impera. Escritores, compositores ou artistas visuais expressam, em geral indiretamente, por meio de abstrações ou distorções deliberadas, suas percepções e as sensações que pretendem suscitar — sobre qualquer coisa, real ou imaginada. Buscam apresentar, de maneira original, alguma verdade a respeito da experiência humana. Tentam passar o que criam diretamente pelo canal da experiência humana, da mente deles para a dos outros. O trabalho é julgado pelo poder e a beleza de suas metáforas. Eles seguem um dictum atribuído a Picasso: a arte é a mentira que nos revela a verdade.

Furiosamente inquisitivas, por vezes com efeitos estarrecedores, as artes criativas e grande parte dos estudos em humanidades que as analisa são, ainda que muito importantes, a mesma velha história, com os mesmos temas, os mesmos arquétipos, as mesmas emoções. Nós, leitores, não nos incomodamos com isso. Somos adictos do antropocentrismo, presos a uma fascinação ilimitada por nós mesmos e outros de nossa espécie. Mesmo os mais bem instruídos vivem uma dieta ad libitum de livros, filmes, shows, esportes e mexericos, pensados para provocar uma emoção, ou mais de uma, da gama relativamente pequena de que desfruta o *Homo sapiens.* Nossas fábulas com animais requerem emoções e comportamentos humanos conforme rezam surradas cartilhas da natureza humana. Nós nos valemos de caricaturas simpáticas de animais, incluindo até mesmo tigres e outros predadores ferozes, para ensinar às crianças como os outros são.

Somos uma espécie com uma curiosidade insaciável — desde que os alvos dessa curiosidade sejamos nós mesmos e as pessoas que conhecemos ou gostaríamos de conhecer. Na evolução da árvore genealógica primata, tal comportamento remonta a antes do surgimento de nossa espécie. Já se observou, por exemplo, que quando se permite que macacos enjaulados possam observar uma variedade de coisas, a primeira opção deles é examinar outros macacos.

A função do antropocentrismo — a fascinação por nós mesmos — é aprimorar a inteligência social, habilidade na qual, dentre todas as espécies da Terra, os seres humanos são gênios. Ela surgiu dramaticamente, em sincronia com a evolução do córtex cerebral durante a origem do *Homo sapiens* a partir dos pré-humanos australopitecos na África. Os mexericos, o culto a celebridades, as biografias, os romances, as histórias de guerra e os esportes são a base da cultura moderna porque o intenso interesse, quase obsessivo, pelos outros sempre favoreceu a sobrevivência de indivíduos e grupos. Nós nos rendemos às narrativas porque é assim que a mente funciona — um vagar interminável por cenas do passado e projeções possíveis do futuro.

Se os antigos deuses gregos estivessem nos espreitando, eles reconheceriam o erro humano como o reconhecemos nas comédias e tragédias, mas talvez também se condoessem ao identificar as fraquezas e imperfeições que a necessidade darwiniana nos impôs. Podem-se comparar os deuses e seus títeres humanos às pessoas que observam gatinhos às voltas com um fio. Os animais fazem três manobras básicas, adequadas à futura função de predador: ao rodear o fio e saltar sobre ela, treinam caçar camundongos; ao saltar sobre o fio e agarrá-lo com as patas unidas, exercitam-se para pegar pássaros; ao simular enterrar o fio perto dos pés, adestram-se para apanhar peixes ou presas menores. O que nos parece divertido, é vital para que eles aprimorem suas técnicas de sobrevivência.

A ciência constrói e testa hipóteses concorrentes a partir de evidências parciais e recorrendo à imaginação para gerar conhecimento sobre o mundo real. Está totalmente comprometida com os fatos, sem fazer referência a religião ou ideologia. Ela abre caminhos em meio ao pântano febril da existência humana.

É claro que todo mundo já ouviu falar dessas propriedades. Mas a ciência ainda possui algumas outras que a distinguem das humanidades. Dentre elas, a mais importante é a noção de continuum. A ideia de que entidades e processos que ocorrem continuamente variam em uma, duas ou mais dimensões é tão corriqueira em grande parte da física e da química que não requer menção especial. Entre os *continua* encontram-se gradações tão familiares como temperatura, velocidade, massa, comprimento de onda, spin, pH e análogos moleculares de base carbono. São menos óbvios na biologia molecular, na qual variações básicas de estrutura servem para explicar a função e a reprodução das células. Ressurgem com força na biologia evolutiva e na ecologia de base evolutiva, que tratam das diferentes adaptações de milhões de espécies a seus respectivos ambientes. E ressurgiram com pompa e circunstância na investigação de exoplanetas.

Cerca de novecentos desses planetas foram descobertos antes da desativação parcial do telescópio espacial Kepler em 2013, ocorrida em parte devido a uma falha no mecanismo de foco. As imagens do Kepler foram fantásticas mesmo para gerações que julgavam rotineiros os sobrevoos e pousos em outros planetas do sistema solar. Elas também são de uma importância imensa, comparáveis ao primeiro marujo que vislumbra a costa de um novo continente e grita "Terra à vista!" quando ninguém pensava que terra ali houvesse. Estima-se que 100 bilhões de sistemas estelares integrem a Via Láctea; astrônomos acreditam que todos sejam orbitados por pelo menos um planeta, em média. Uma fração pequena, mas ainda substanciosa, provavelmente abriga formas de vida — mesmo que sejam apenas micróbios vivendo sob condições extremamente hostis.

Os exoplanetas (planetas em outros sistemas estelares) formam um continuum. Recentemente, astrônomos observaram, ou pelo menos inferiram, um bestiário de exoplanetas mais variado do que qualquer coisa que já se tenha imaginado. Há planetas gasosos enormes, parecidos com Júpiter e Saturno, alguns de volume imensamente maior. Há planetas rochosos e pequenos como o nosso, grãozinhos que orbitam sua estrela-mãe à distância certa para dar suporte à vida, fundamentalmente diferentes dos planetas rochosos a outras distâncias (como Mercúrio e Vênus, fatidicamente próximos demais do Sol, e o planetoide Plutão, fatidicamente distante). Há planetas sem rotação, outros cujas órbitas elípticas os aproximam da estrela-mãe para depois os distanciar. Provavelmente existem planetas rebeldes órfãos, libertos da atração gravitacional de suas estrelas-mães, a vagar pelo espaço sideral. Alguns desses exoplanetas também possuem um séquito de uma ou mais luas. Além da variação grande e contínua de tamanho, localização e órbita, há gradientes comparáveis de composição química do corpo e da atmosfera dos planetas e de suas luas, que derivam das particularidades de suas origens.

Os astrônomos, que além de cientistas são humanos, ficam, como todos nós, abismados diante de suas descobertas. As descobertas comprovam que a Terra não é o centro do universo — o que sabemos desde Copérnico e Galileu —, mas é difícil imaginar quão distante desse centro ela esteja. A poeirinha azul que chamamos lar não passa disso, um grão de poeira estelar nas franjas de nossa galáxia em meio a 100 bilhões ou mais de outras galáxias no universo. Ocupa apenas uma posição num continuum de planetas, luas e outros corpos celestes similares a planetas que mal começamos a compreender. Ao falar da nossa posição no cosmos seria bom um pouco mais de modéstia. Permitam-me sugerir uma metáfora: a Terra está para o universo assim como o segundo segmento da antena esquerda de um afídeo a repousar sobre uma pétala de flor num jardim de Teaneck, Nova Jersey, durante algumas horas desta tarde.

Tendo tangenciado tanto a botânica quanto a entomologia, cabe introduzir um novo continuum: a diversidade da vida na biosfera terrestre. No momento em que escrevo, existem 273 mil espécies conhecidas de plantas vivas na Terra, número que se estima chegar a 300 mil, à medida que mais expedições saiam a campo. O número de espécies de organismos conhecidas na Terra, entre plantas, animais, fungos e micróbios, é de aproximadamente 2 milhões. Estima-se que o número real, combinando conhecidos e desconhecidos, seja pelo menos três vezes maior, senão mais. A listagem de espécies soma cerca de 20 mil novas descrições por ano. O ritmo decerto crescerá conforme se tornar mais conhecida uma enormidade de fragmentos de florestas tropicais, recifes de corais, montes submarinos, cordilheiras e cânions não cartografados do leito oceânico profundo, ainda mal explorados. O número de espécies descritas aumentará ainda mais com a exploração do mundo microbiano, em grande parte desconhecido, agora que se tornou rotineira a tecnologia necessária para o estudo de organismos extremamente pequenos. Virão à luz novas e estranhas bactérias, arqueias, vírus e picozoanos que ainda se enxameiam por toda a superfície do planeta sem serem vistos.

À medida que aumenta o censo da espécie, mapeiam-se outros *continua* da biodiversidade. Entre eles a biologia singular de cada espécie viva e o longo e tortuoso processo de evolução que a criou. Parte do produto final é o gradiente de tamanho que perpassa uma dúzia de ordens de magnitude. Compreende desde a baleia azul e o elefante africano a bactérias fotossintéticas superabundantes e picozoanos varrendo o mar, estes últimos tão pequenos que não podem ser estudados com microscopia ótica comum.

De todos os *continua* mapeados pela ciência, os mais relevantes às humanidades são os sentidos, que na nossa espécie são extremamente limitados. A visão nos *Homo sapiens* se baseia numa nesga de energia quase infinitesimal, de quatrocentos a setecentos nanômetros no espectro eletromagnético. O restante desse espectro, que satura o universo, vai dos raios gama, trilhões de vezes menores que o segmento visual humano, até as ondas de rádio, trilhões de vezes maiores. Os animais vivem dentro de suas próprias nesgas de *continua*. Abaixo dos quatrocentos nanômetros, por exemplo, as borboletas encontram pólen e néctar nas flores conforme padrões de luz ultravioleta refletida nas pétalas — padrões e cores que não enxergamos. Onde vemos um botão de flor amarela ou vermelha, os insetos veem um conjunto de pontos e círculos concêntricos de luz e sombra.

Pessoas saudáveis acreditam intuitivamente que podem ouvir quase qualquer som. Contudo, nossa espécie é programada para detectar apenas de vinte a 20 mil hertz (ciclos de compressão do ar por segundo). Acima dessa gama, morcegos emitem pulsos ultrassônicos e se valem dos ecos para desviar de obstáculos e caçar mariposas e outros insetos nas cercanias. Abaixo da gama humana, elefantes bradam mensagens complexas em interlóquio com outros membros da manada. Caminhamos pela natureza como um surdo nas ruas de Nova York, sentindo apenas algumas vibrações, incapazes de interpretar praticamente tudo.

De todos os organismos da Terra, são os seres humanos que têm o olfato mais limitado, tão limitado que temos um vocabulário reduzido para expressá-lo. Dependemos fortemente de símiles, como "cítrico", "ácido" ou "fétido". Já a imensa maioria dos outros organismos, das bactérias às cobras e lobos, depende do odor e do gosto para sua subsistência. Recorremos à sofisticação de cães adestrados para nos conduzir pelo mundo olfativo, localizar determinadas pessoas, detectar o mínimo vestígio de explosivos e outros compostos químicos nocivos.

Nossa espécie é quase totalmente alheia a outros tipos de estímulo sem o auxílio de instrumentos. Detectamos eletricidade apenas através de um zumbido, um choque ou um espocar de luz. Por outro lado, existe uma variedade de enguias de água doce, bagres e peixes-elefante, confinados às águas barrentas, privados da visão, que vivem num mundo galvânico. Geram campos elétricos em torno dos corpos com o tecido muscular do tronco, que a evolução converteu em baterias orgânicas. Servindo-se de sombras elétricas, os peixes evitam obstáculos a seu redor, localizam presas e se comunicam com outros da mesma espécie. Outra parte do meio ambiente que está fora do alcance humano é o campo magnético terrestre, utilizado por alguns pássaros migratórios para guiá-los em suas jornadas de longa distância.

A exploração dos *continua* permite à humanidade medir as dimensões reais do cosmos real — desde as gamas infinitas de tamanho, distância e quantidade nas quais existimos, nós e nosso planetinha. A ciência sugere onde localizar fenômenos que não estavam sendo esperados e como perceber a totalidade do real por meio de uma rede mensurável de explicações de causa e efeito. Ao conhecer a posição de cada fenômeno nos *continua* relevantes — a variável de cada sistema, em linguagem comum —, conhecemos a composição química da superfície de Marte; sabemos aproximadamente como e quando os primeiros tetrápodes saíram dos lagos para a terra; temos como prever condições tanto em nível infinitésimo quanto próximo do infinito, conforme a teoria unificada da física; e podemos observar como o sangue flui e como se iluminam as células nervosas no cérebro humano quando o cérebro pensa conscientemente. Com o tempo, talvez não muito mais longe que em algumas décadas, poderemos explicar a matéria negra do universo, a origem da vida na Terra e a base física da consciência humana durante variações de humor e pensamento. O invisível é visto, o pequeno e quase invisível é ponderado.

Mas o que esse crescimento explosivo do conhecimento científico tem a ver com as humanidades? *Tudo.* A ciência e a tecnologia revelam cada vez com mais precisão o lugar da humanidade, aqui na Terra e no cosmos. Ocupamos um espaço microscópico em cada um dos *continua* relevantes que podem ter produzido uma espécie de inteligência em nível humano em qualquer lugar, aqui ou em outros planetas. Nossas espécies ancestrais, cujas pistas seguimos recuando ao passado mais remoto, até formas de vida cada vez mais primitivas, são todas vencedoras da loteria que avançaram aos tropeços pelo labirinto da evolução.

Somos uma espécie muito especial — talvez a escolhida, de certo modo —, mas as humanidades por si só não podem explicar a razão disso. Elas nem conseguem formular a pergunta de modo que se possa respondê-la. Confinadas a um espaço de consciência reduzido, festejam os microssegmentos dos *continua* que conhecem, em detalhes mínimos, e repetidamente, numa infinidade de combinações. Esses segmentos por si sós não remetem à origem das características que possuímos como fundamentais — nossos instintos de dominação, nossa inteligência moderada, nosso conhecimento perigosamente limitado e até mesmo, como insistirão os críticos, a insolência da nossa ciência.

O primeiro Iluminismo ocorreu há mais de quatro séculos,

quando a ciência e as humanidades eram tão elementares que se podia considerar factível a simbiose delas. A abertura das rotas marítimas globais por parte da Europa Ocidental do final do século XV em diante endossou essa possibilidade. A circum-navegação da África e a descoberta do Novo Mundo levaram a novas rotas do comércio global e ampliaram as conquistas militares. O novo alcance global foi um ponto de virada na história que privilegiou o conhecimento e a invenção. Agora somos lançados em um novo ciclo de exploração — infinitamente mais rico, comparativamente mais desafiador e, não por acaso, cada vez mais humanitário. Toca às humanidades e às artes criativas mais respeitáveis expressar nossa existência de uma forma que finalmente comece a concretizar os sonhos do Iluminismo.

5. A preeminência das humanidades

Pode soar estranho que um biólogo movido a dados como eu acredite que os extraterrestres inventados pelas fabulações da ficção científica possam desempenhar um papel de relevo: o de incrementar a reflexão sobre a existência. Quando criados dentro dos limites do que a ciência aceita como plausível, eles nos ajudam a prever o futuro. Alienígenas de verdade, penso, nos diriam que nossa espécie tem um bem vital digno da atenção deles. Talvez o leitor imagine que sejam nossa ciência e tecnologia, mas não. São as humanidades.

Esses aliens imaginados mas plausíveis não têm desejo algum de agradar nossa espécie ou ajudá-la. A relação que eles têm conosco é benevolente, a mesma que temos em relação à vida selvagem que pasta e caça no Serengeti, na África Oriental. A missão deles é aprender tudo que puderem dessa espécie singular que atingiu o nível de civilização neste planeta. Não seriam os segredos da nossa ciência? Não, de forma alguma. Não temos nada a ensinar a eles. É preciso ter em mente que quase tudo que se pode chamar de ciência tem menos de cinco séculos de idade. Como nos últimos dois séculos o conhecimento científico tem praticamente duplicado, conforme a disciplina (tais como químico-física e biologia celular), a cada dez ou vinte anos, em termos geológicos, tudo que sabemos é novinho em folha. As aplicações tecnológicas também se encontram no primeiro estágio de evolução. A humanidade chegou a esta era — global, hiperconectada e tecnocientífica — há apenas duas décadas, menos que um piscar de olhos na mensagem estrelada do cosmos. Por puro acaso, e dada a idade multibilionária da galáxia, os aliens alcançaram nosso nível atual, ainda infantil, milhões de anos atrás. Pode ter sido há 100 milhões de anos. Assim, o que teríamos a ensinar a nossos visitantes extraterrestres? Em outras palavras, o que o bebê Einstein poderia ensinar a um professor de física? Absolutamente nada. Pelo mesmo motivo, nossa tecnologia seria absurdamente inferior. Não fosse assim, nós é que seríamos os visitantes alienígenas, e eles os aborígenes extraplanetários.

Então, o que os hipotéticos aliens poderiam aprender conosco que lhes seria valioso? As humanidades. Como já comentou Murray Gell-Mann em relação ao campo no qual foi pioneiro, a física teórica consiste em um pequeno número de leis e muitos acidentes. O mesmo vale, a fortiori, para todas as ciências. A origem da vida se deu há mais de 3,5 bilhões de anos. A subsequente diversificação dos organismos primordiais em espécies de micróbios, fungos, plantas e animais é apenas uma história entre a quase infinidade de outras que poderiam ter ocorrido. Os visitantes extraterrestres teriam conhecimento disso, a partir de sondas robóticas ou dos princípios da biologia evolutiva. Eles não entenderiam de imediato toda a história terrestre da evolução biológica, com suas extinções, reposições e ascensão e queda dinástica de grandes grupos — cicadófitas, amonoides, dinossauros. Mas por meio do trabalho de campo megaeficiente, do sequenciamento de DNA e da tecnologia proteômica, logo eles aprenderiam tudo sobre a fauna e a flora da Terra no momento atual, a natureza e a idade de suas precursoras, e calculariam padrões no espaço e no tempo da história evolutiva da vida. É tudo questão de ciência. Os aliens logo saberiam tudo que sabemos da chamada ciência, e muito mais, como se nunca houvéssemos existido.

De um modo bastante parecido, na história humana dos últimos 100 mil anos ou mais surgiu um punhado de Ur-culturas humanas, que deram à luz milhares de culturas filhas. Muitas delas persistem até hoje, cada uma com seu próprio idioma ou dialeto, crença religiosa e práticas socioeconômicas. Assim como espécies de plantas e animais que se cindem ao longo das eras geológicas, elas continuaram a evoluir, sozinhas ou divididas em duas ou mais culturas, talvez fusionadas em parte, enquanto outras simplesmente desapareceram. Dos quase 7 mil idiomas falados atualmente no mundo, 28% são empregados por menos de mil pessoas, e 473 estão à beira da extinção, porque utilizados apenas por meia dúzia de idosos. Se mensuradas dessa forma, a história registrada e a pré-história que a precede apresentam um padrão caleidoscópico similar ao da formação de espécies durante a evolução biológica — ainda que diferente dela em vários aspectos.

A evolução cultural é diferente porque ela resulta inteiramente do cérebro humano, um órgão que evoluiu durante os tempos pré-humanos e paleolíticos por meio de uma modalidade muito especial de seleção natural, a coevolução gene-cultura (na qual as trajetórias da evolução genética e da evolução cultural afetam-se mutuamente). O extraordinário potencial do cérebro, alojado sobretudo nos bancos de memória do córtex frontal, surgiu entre o *Homo habilis*, há 2 milhões ou 3 milhões de anos, e a dispersão global de seu descendente, o *Homo sapiens*, 60 mil anos atrás. Para entender a evolução cultural de fora para dentro — e não de dentro para fora, que é como fazemos —, precisamos interpretar todas as sensações e construções complexas da mente humana. É algo que exige um contato íntimo com as pessoas e o conhecimento de infinitos históricos individuais. Descreve como um pensamento é traduzido em símbolo ou artefato. Tudo da alçada das humanidades. É a história natural da cultura, nossa herança mais privada e preciosa.

Existe outro motivo fundamental para valorizar as humanidades. As descobertas científicas e a evolução tecnológica têm um ciclo de vida. Com o tempo, tendo atingido uma dimensão descomunal e uma complexidade inimaginável, elas certamente vão perder força e estabilizar seu crescimento num ritmo muito menor. Em meus cinquenta anos de carreira e publicações, o número de descobertas por pesquisador por ano decaiu drasticamente. As equipes cresceram cada vez mais, tanto que dez ou mais coautores assinarem um artigo técnico passou a ser lugar-comum. Na maioria das disciplinas, a tecnologia exigida para uma descoberta científica se tornou muito mais complexa e cara, e as novas tecnologias e a análise estatística que a pesquisa científica requer avançaram muito.

Mas não devemos nos preocupar. Quando esse processo se assentar, provavelmente ainda no século XXI, o desempenho da ciência e da tecnologia de ponta será, como esperado, benéfico e muito mais difundido do que é atualmente. Porém — e isso é o mais importante —, a ciência e a tecnologia também serão as mesmas em qualquer lugar, para toda cultura, subcultura e pessoa civilizada. Suécia, Estados Unidos, Butão e Zimbábue compartilharão os mesmos dados. O que continuará a evoluir e se diversificar quase infinitamente serão as humanidades.

Nas próximas décadas, a maior parte dos avanços tecnológicos provavelmente ocorrerá no terreno do que se costuma chamar BNR: biotecnologia, nanotecnologia e robótica. Na ciência, os graais hoje procurados nessa extensa fronteira incluem a origem da vida na Terra; a criação de organismos artificiais; a substituição de genes e as precisas alterações cirúrgicas no genoma; a descoberta da natureza física da consciência e, de não menos relevância, a construção de robôs capazes de pensar mais rápido e trabalhar de forma mais eficiente que humanos na maioria das funções braçais, operárias ou administrativas. No momento atual, esses avanços são matéria de ficção científica. Mas não por muito tempo. Em questão de poucas décadas, tudo será realidade.

E as cartas já estão na mesa, viradas para cima. O primeiro tópico da agenda é a correção de mais de mil genes nos quais se identificaram raros alelos mutantes que causam doenças hereditárias. Para tanto, o método preferencial será substituir os genes, trocando o alelo mutante pelo normal. Embora ainda se encontre na fase inicial, com poucos testes, o método promete no futuro substituir a amniocentese, que permite uma leitura da estrutura cromossômica do embrião e do código genético, e depois o aborto terapêutico, para evitar deficiências ou morte. Muitos se opõem a abortos terapêuticos, mas aposto que poucos fariam alguma objeção à substituição de genes, que pode ser comparada a trocar uma válvula cardíaca fraca ou um rim comprometido.

Hoje em dia, uma forma ainda mais avançada de evolução volitiva, embora indireta na causa, é a homogeneização que a escalada da emigração e dos casamentos inter-raciais provoca nas diferentes populações do mundo. Disso resulta uma redistribuição maciça de genes do *Homo sapiens.* A variação genética entre populações está em declínio, enquanto aumenta a variação genética dentro das populações — consequentemente, a variação genética da espécie também está crescendo, e em proporções drásticas. Essas tendências criam um dilema de evolução volitiva que em poucas décadas provavelmente chamará a atenção até dos *think tanks* de maior miopia política. Será que desejamos direcionar a evolução da diversidade para aumentar a frequência de características desejáveis? Ou aumentá-la ainda mais? Ou, por fim

— o que decerto será a decisão a curto prazo —, deixar as coisas como estão e torcer para que tudo se ajeite?

Essas alternativas não são ficção científica, tampouco são frivolidades. Pelo contrário, estão ligadas a outro dilema de base biológica já bastante divulgado, emparelhado com a distribuição de contraceptivos no ensino médio e a adoção de livros escolares do Texas que eliminam a evolução. É o seguinte: se cada vez mais se confiam aos robôs as decisões e as tarefas, o que restará de atividade para os humanos? Queremos mesmo competir biologicamente com a tecnologia robótica servindo-nos de implantes cerebrais, inteligência aumentada e comportamentos sociais incrementados geneticamente? Essa opção representaria um desvio agudo da natureza humana que herdamos e uma mudança fundamental na condição humana.

Agora nos encontramos diante de um problema que seria mais bem resolvido no âmbito das humanidades, e portanto é mais um argumento para a importância delas. E já que estamos falando nisso, aproveito para declarar meu voto pelo conservacionismo existencial, sendo a preservação da natureza humana biológica um dever sagrado. Estamos indo muito bem na ciência e na tecnologia. Continuemos assim e façamos as duas avançar ainda mais rápido. Mas vamos promover também as humanidades, o que nos torna humanos, e não usar a ciência para embaralhar a fonte de tudo isso, o potencial absoluto e singular do futuro humano.

6. A força motriz da evolução social

Poucas questões na biologia são tão relevantes quanto a origem evolutiva do comportamento social instintivo. Encontrar a resposta seria explicar uma das maiores transições em termos de organização biológica, do organismo ao superorganismo — de, digamos, uma formiga a uma colônia de formigas organizada, de um primata solitário a uma sociedade de seres humanos organizada.

As modalidades mais complexas de organização social são fruto de altos níveis de cooperação. Elas se beneficiam de atitudes altruístas de pelo menos parte dos integrantes da colônia. O nível mais alto de cooperação e altruísmo é o da eussocialidade, no qual integrantes da colônia abrem mão de uma parcela ou de toda sua reprodução individual para aumentar a reprodução da casta "real", especializada para esse propósito.

Como já apontei, existem duas teorias concorrentes quanto à origem da organização social avançada. Uma delas é a teoria padrão da seleção natural. Ela se provou correta em uma ampla gama de fenômenos sociais e não sociais, e vem ganhando precisão desde a origem da moderna genética das populações, nos anos 1920, e da síntese moderna da teoria da evolução, nos anos 1930. Baseia-se no princípio de que a unidade de hereditariedade é o gene — que tipicamente faz parte de uma rede de genes — e que o alvo da seleção natural é o traço prescrito pelo gene. Um gene mutante desfavorável nos humanos, por exemplo, é aquele que prescreve a fibrose cística. O gene é raro porque seu fenótipo, a fibrose cística, é uma seleção por oposição — ele diminui a longevidade e a reprodução. Entre os exemplos de genes mutantes favoráveis estão os que prescrevem a tolerância à lactose nos adultos. Originado em populações que consumiam laticínios na Europa e na África, o fenótipo prescrito pelos genes mutantes fez do leite um alimento adulto confiável, e assim aumentou a longevidade comparativa e a reprodução das pessoas que o possuíam.

Diz-se que o gene de um traço que afeta a longevidade e a reprodução do integrante de um grupo em relação a outros membros do mesmo grupo está sujeito à seleção natural no nível individual. O gene de um traço que implica cooperação e outras forças de interação com colegas do grupo pode ou não estar sujeito à seleção natural no nível individual. Seja como for, é provável que a longevidade e a reprodução do grupo sejam afetadas. Já que os grupos competem entre si, tanto em conflitos quanto na eficiência relativa em extração de recursos, seus traços distintivos estão sujeitos à seleção natural. Os genes que prescrevem traços interativos (ou seja, sociais), em particular, estão sujeitos à seleção no nível do grupo.

Vamos imaginar um cenário simplificado da evolução segundo a teoria-padrão da seleção natural. Um ladrão bem-sucedido promove seus interesses e os de sua prole, mas suas atitudes enfraquecem o resto do grupo. Os genes que prescrevem seu comportamento psicopata vão aumentar dentro do grupo de uma geração para a seguinte, porém, como um parasita que provoca doenças num organismo, sua atividade enfraquece o resto do grupo e eventualmente o próprio ladrão. Em outro extremo, um guerreiro valente conduz seu grupo à vitória, mas ao fazê-lo é morto em combate e deixa pouca ou nenhuma prole. Seus genes heroicos perdem-se com ele, mas os demais membros do grupo, e os genes de heroísmo que compartilham, beneficiam-se e crescem.

Os dois níveis da seleção natural, o individual e o grupal, ilustrados nesses dois extremos, estão em oposição. Com o tempo, eles levarão ou a um equilíbrio dos genes em oposição ou à extinção total de um dos dois tipos. Sua ação é resumida nesta máxima: membros egoístas ganham dentro dos grupos, mas grupos de altruístas vencem grupos de egoístas.

A teoria da aptidão inclusiva, em oposição à teoria-padrão da seleção natural — e, além desta, aos princípios já estabelecidos de genética das populações —, trata o membro individual do grupo, não seus genes individuais, como unidade de seleção. A evolução social surge da soma de todas as interações que o indivíduo mantém com cada um dos outros integrantes do grupo, multiplicada pelo grau de parentesco hereditário entre cada par. Todos os efeitos dessa multiplicidade de interações que o indivíduo mantém, tanto positivas quanto negativas, constituem sua aptidão inclusiva.

Embora a controvérsia entre seleção natural e aptidão inclusiva ainda ressurja aqui e ali, as suposições da teoria da aptidão inclusiva provaram-se aplicáveis apenas em alguns casos extremos de ocorrência improvável na Terra ou em qualquer outro planeta. Não há exemplo de aptidão inclusiva que tenha sido comprovado diretamente. Tudo o que se conseguiu foi uma análise indireta chamada método regressivo, que infelizmente foi invalidado pela matemática. Utilizar o indivíduo ou o grupo como unidade de hereditariedade, em vez do gene, é um erro ainda mais fundamental.

Nesse momento, antes de aprofundar ainda mais as teorias,

seria mais instrutivo tomar um exemplo específico na evolução do comportamento social e ver como cada uma das abordagens o trata.

O ciclo de vida das formigas sempre foi um dos prediletos entre os teóricos da aptidão inclusiva por dar provas do papel do parentesco e da validade da aptidão inclusiva. Muitas espécies de formiga têm o seguinte ciclo de vida: suas colônias se reproduzem quando rainhas virgens e machos são liberados do ninho. Depois da cópula, as rainhas não voltam para casa, mas se dispersam para formar novas colônias. Os machos morrem em questão de horas. As rainhas virgens são muito maiores que os machos, e as colônias investem uma fração proporcionalmente maior de recursos na produção delas.

A explicação que a aptidão inclusiva dá para a diferença de tamanho entre os sexos, apresentada na década de 1970 pelo biólogo Robert Trivers, é a seguinte: os meios de determinação sexual nas formigas são peculiares, de tal forma que as irmãs têm parentesco mais próximo entre si do que entre elas e seus irmãos (considerando que as rainhas copulem com um macho apenas). Como são as operárias que cuidam da prole, prossegue Trivers, e como dão preferência a irmãs em detrimento dos irmãos, elas investem mais em rainhas virgens do que em machos. A colônia, controlada pelas operárias, produz rainhas de tamanho muito maior. Esse processo, deduzido a partir da teoria da aptidão inclusiva, é chamado seleção natural indireta.

O modelo-padrão da genética das populações, por outro lado, postula a seleção natural direta e a põe à prova com observação direta em campo e no laboratório. A rainha virgem é necessariamente maior, como sabem todos entomólogos, a fim de poder iniciar uma nova colônia. Ela cava um ninho, tranca-se lá dentro e com suas grandes reservas corporais de gordura e músculos de asas metabolizados cria a primeira ninhada de operárias. O macho é pequeno porque sua única função é a cópula. Depois da inseminação, ele morre. (Em algumas espécies, as rainhas chegam a viver mais de vinte anos.) A explicação tortuosa da aptidão inclusiva para investimentos conforme o gênero está, portanto, errada.

A suposição da teoria da aptidão inclusiva de que as operárias controlam os recursos da colônia, ponto crucial de seu raciocínio, também está errada. A rainha determina o sexo da prole por meio da válvula da espermateca, órgão que aloja o esperma, similar a uma bolsa. Se o esperma é liberado para fertilizar um ovo no ovário da rainha, nasce uma fêmea. Se nenhum esperma é liberado, o ovo não é fertilizado, e do ovo não fertilizado nasce um macho. Consequentemente, uma série de fatores, dos quais apenas alguns são controlados pelas operárias, determina quais ovos e larvas fêmeas se tornarão rainhas.

Por meio século, quando os dados ainda eram relativamente escassos, a teoria da aptidão inclusiva foi a explicação dominante para a origem do comportamento social avançado. Um modelo matemático simples, de autoria do geneticista britânico J. B. S. Haldane, em 1955, foi a origem dela. O argumento do cientista se dava da seguinte forma (alterei-o um pouquinho para deixá-lo intuitivamente mais simples): imagine que você é solteiro, sem filhos, e está na margem de um rio. Ao olhar para a água, você vê que seu irmão caiu e está se afogando. O rio está turbulento e você não é bom nadador, por isso sabe que, se pular para salvá-lo, provavelmente vai se afogar. Ou seja, o resgate depende do seu altruísmo. Contudo, disse Haldane, isso não exige altruísmo também da parte dos seus genes, incluindo aqueles responsáveis por torná-lo altruísta. O motivo é o seguinte: como aquele homem é seu irmão, metade dos genes dele são idênticos aos seus. Então você pula, salva-o e, obviamente, se afoga. Você se foi, mas metade dos seus genes se salvaram. Para compensar a perda dos genes, basta seu irmão ter dois filhos a mais. Os genes são a unidade de seleção; são o que conta na evolução conforme a seleção natural.

Em 1964, outro geneticista britânico, William D. Hamilton, expressou o conceito de Haldane numa fórmula geral, que posteriormente passou a ser conhecida como inequação de Hamilton. Ela dizia que os genes que prescrevem o altruísmo, tais quais o do irmão heroico, crescerão se o benefício em número de descendentes para o beneficiário for maior que o custo para o altruísta em número de descendentes. Todavia, essa vantagem para o altruísta só será efetiva se o beneficiário e o altruísta forem bastante próximos. O grau de parentesco é a fração dos genes compartilhada pelo altruísta e pelo beneficiário devido à descendência comum: metade entre irmãos, um oitavo entre primos de primeiro grau e assim por diante, em ritmo decrescente veloz, quanto mais distante for o grau de parentesco. O processo posteriormente passou a ser chamado seleção de parentesco. Parecia, pelo menos seguindo essa linha de raciocínio, que o parentesco próximo seria a chave para a origem biológica do altruísmo e da cooperação. Ou seja: o parentesco próximo é fator primário na evolução social avançada.

Num primeiro momento, a seleção de parentesco pareceu uma explicação razoável para a origem das sociedades organizadas. Observemos um grupo qualquer de indivíduos que, de uma forma ou de outra, se uniram mas continuam desorganizados — um cardume de peixes, uma revoada de pássaros ou uma população local de esquilos, por exemplo. Digamos que os membros do grupo sejam capazes de distinguir não apenas sua prole, algo que comporta a evolução da atenção paterna segundo a seleção natural padrão (darwiniana). Suponhamos que eles também reconheçam parentes colaterais por descendência comum, tais como irmãos e primos. Vamos ainda mais longe: ocorrem mutações que induzem os indivíduos a preferir parentes colaterais próximos em detrimento de parentes distantes ou não parentes. Um caso extremado seria o heroísmo de Haldane com viés para o irmão.

O resultado seria o nepotismo, que resulta em uma vantagem darwiniana em relação a outros no grupo. Mas aonde isso leva uma população durante a evolução? Com o dispersar dos genes com preferência colateral, o grupo se transformaria num conjunto não de indivíduos rivais e de sua prole, mas num conjunto de grandes famílias em competição paralela. Para chegar ao altruísmo, à cooperação e à divisão de trabalho em nível grupal — em outras palavras, às sociedades organizadas —, é necessário outro nível de seleção natural. Esse nível é a seleção de grupo.

Ainda em 1964, Hamilton avançou um passo no princípio do parentesco ao introduzir o conceito de aptidão inclusiva. O indivíduo social vive em grupo e interage com outros membros desse grupo. Ele participa da seleção de parentesco com cada um dos outros integrantes do grupo com o qual interage. O efeito extra que isso acarreta em seus próprios genes repassados à próxima geração é sua aptidão inclusiva: a soma de todos os benefícios e custos, descontado o grau de parentesco de cada um dos outros integrantes do grupo. Com a aptidão inclusiva, a unidade de seleção passou sutilmente do gene ao indivíduo.

Inicialmente, achei encantadora a teoria da aptidão inclusiva, limitada a alguns poucos casos de seleção de parentesco estudáveis na natureza. Em 1965, um ano após o artigo de Hamilton, eu a defendi em um encontro da Royal Entomological Society de Londres. Na ocasião, o próprio Hamilton estava a meu lado. Em meus dois livros que formulam a nova disciplina da sociobiologia, *The Insect Societies* [Sociedades inseto] (1971) e *Sociobiology: The New Synthesis* [Sociobiologia: Nova síntese] (1975), fiz da seleção de parentesco a chave para a explicação genética do comportamento social avançado, conferindo-lhe a mesma importância da casta, da comunicação e de outros temas fundamentais que constituem a sociobiologia. Em 1976, o eloquente jornalista científico Richard Dawkins explicou a ideia para o grande público em seu best-seller *O gene egoísta*. Logo a seleção de parentesco e algumas versões da aptidão inclusiva instalaram-se em livros de referência e em artigos de divulgação sobre evolução social. Ao longo das três décadas seguintes, inúmeras ampliações gerais e abstratas da teoria, sobretudo em formigas e outros insetos sociais, foram testadas; e supostamente encontraram comprovações em estudos sobre ordem hierárquica, conflito e investimento de gênero.

Em 2000, o papel central da seleção de parentesco e sua extensão na aptidão inclusiva haviam alcançado o status de dogma. Era prática comum entre autores de artigos técnicos reconhecer a verdade da teoria, mesmo que o conteúdo dos dados apresentados fosse de pouca relevância. As carreiras acadêmicas já estavam consolidadas, os prêmios internacionais já haviam sido distribuídos.

Ainda assim, a teoria da aptidão inclusiva não estava apenas errada, mas fundamentalmente errada. Hoje, em retrospecto, percebe-se que nos anos 1990 duas rachas sísmicas irromperam e começaram a se alargar. Os desdobramentos da própria teoria começaram a ficar cada vez mais abstratos e, assim, distantes do trabalho empírico que continuou vivo em outros pontos da sociobiologia. Ao mesmo tempo, a pesquisa empírica dedicada à teoria se limitou a um pequeno número de fenômenos mensuráveis. Textos teóricos, a maioria sobre insetos sociais, ficaram repetitivos. Ofereciam cada vez mais, proporcionalmente, sobre cada vez menos tópicos. Os grandes padrões da ecologia, da filogenia, da divisão de trabalho, da neurobiologia, da comunicação e da fisiologia social continuavam virtualmente intocados pelas declarações dos teóricos inclusivistas. Boa parte da literatura de divulgação não trazia novidade, mas era num tom assertivo, garantindo que a teoria ainda seria grandiosa.

A teoria da aptidão inclusiva, chamada afetuosamente de teoria IF* por seus defensores, demonstrava cada vez mais sinais

* Do termo original *inclusive fitness*.

de senilidade. Em 2005, as dúvidas sobre sua solidez estavam sendo expressas abertamente, sobretudo entre cientistas renomados que estudavam especificidades da biologia de formigas, cupins e outros insetos eussociais, assim como entre teóricos ousados o bastante para buscar explicações alternativas quanto à origem e evolução da eussocialidade. Os pesquisadores mais comprometidos com a teoria IF ou ignoraram esses trabalhos ou os negaram sumariamente. Em 2005, eles haviam obtido tamanha representatividade no sistema anônimo de revisão por pares que impediram a publicação de evidências e opiniões contrárias nas principais revistas científicas. Por exemplo: um dos primeiros suportes da teoria da aptidão inclusiva, que virou sua pedra angular e é citado em livros de referência, previa a preponderância dos himenópteros (abelhas, vespas, formigas) entre espécies de animais eussociais. Quando, passado um tempo, um investigador ressaltou que novas descobertas haviam anulado essa suposição, ele ouviu, com todas as letras: "Já sabíamos". Sabiam, mas a atitude que tomaram foi simplesmente ignorar. A "hipótese himenópteros" não estaria errada; havia apenas se tornado "irrelevante". Quando um investigador sênior utilizou estudos de campo e laboratoriais para demonstrar que colônias primitivas de cupins competem entre si e crescem, em parte devido à fusão de operárias sem parentesco, os dados foram rejeitados porque a conclusão não considerava suficientemente a teoria da aptidão inclusiva.

Por que um tópico aparentemente hermético da biologia teórica provocou sectarismo tão feroz? Porque o problema de que ele trata é de importância fundamental, e os riscos para resolvê-lo ficaram excepcionalmente altos. Além disso, a aptidão inclusiva começou a parecer um castelo de baralho. Puxar uma carta poderia derrubar tudo. Puxar cartas, contudo, valia o preço da reputação. Estava no ar a promessa de uma mudança de paradigma, evento raro na biologia evolutiva.

Em 2010, a preponderância da teoria da aptidão inclusiva finalmente se encerrou. Por uma década eu fiz parte de uma escola do contra, pequena mas ainda silenciada; cansado de brigar, uni-me a dois matemáticos e biólogos teóricos de Harvard, Martin Nowak e Corina Tarnita, para analisar a aptidão inclusiva de cabo a rabo. Nowak e Tarnita haviam descoberto, sem conhecer o trabalho um do outro, que as suposições fundamentais da teoria da aptidão inclusiva eram pouco sólidas, enquanto eu havia demonstrado que os dados de campo utilizados para embasar a teoria poderiam ser igualmente bem explicados, quando não mais bem explicados, pela seleção natural direta — como no caso de alocação sexual das formigas.

Nosso relatório conjunto foi publicado em 26 de agosto de 2010, em artigo de capa da prestigiada revista *Nature*. Cientes da controvérsia que podia gerar, os editores procederam com cautela incomum. Um deles, que tinha familiaridade com o assunto e com a modalidade de análise matemática, viajou de Londres a Harvard para se reunir com Nowak, Tarnita e comigo. Ele aprovou o manuscrito, que em seguida foi conferido por três especialistas anônimos. A publicação, como já esperávamos, provocou uma explosão vesuviana de reclamações — do tipo que os jornalistas adoram. Nada menos que 137 biólogos, comprometidos com a teoria da aptidão inclusiva em suas pesquisas ou no ensino, assinaram um protesto em artigo na *Nature* publicado no ano seguinte. Quando repeti parte do argumento num capítulo do livro *A conquista social da Terra*, de 2012, Richard Dawkins reagiu com o fervor indignado de um crente. Em sua resenha para a revista britânica *Prospect*, ele não só instou que não lessem o que eu havia escrito sobre o assunto, como recomendou que desconsiderassem o livro todo, "com toda força", nem mais nem menos.

Ainda assim, ninguém desde aquela época refutou a análise matemática de Nowak e Tarnita, nem meu argumento a favor da teoria-padrão em detrimento da teoria da aptidão inclusiva na interpretação de dados de campo.

Em 2013, Nowak e eu nos unimos a outro biólogo matemático, Benjamin Allen, para fazer uma ampliação ainda maior da análise em curso. (Tarnita havia se transferido para Princeton e estava ocupada em somar a pesquisa de campo à sua modelagem matemática.) Em fins de 2013, publicamos o primeiro de uma série de artigos. Devido à necessidade de precisão e ao conteúdo desses artigos, que pode ser relevante à história e filosofia do tema, tomei a liberdade de dar um sumário simplificado do primeiro no apêndice deste livro.

Agora, enfim, podemos voltar a uma questão-chave com espírito investigador mais aberto: qual foi a força motriz da origem do comportamento social humano? Os pré-humanos da África alcançaram o limiar da organização social avançada de forma paralela à ocorrida com animais inferiores, mas atingiram-na de maneiras muito diferentes. Como o tamanho do cérebro mais do que duplicou, os bandos usaram a inteligência baseando-se numa memória extremamente melhorada. Enquanto insetos primitivamente sociais desenvolviam a divisão de trabalho por meio de instintos mínimos que se serviam da categoria de organização social em cada grupo — como larvas e adultos, enfermeiras e forrageiras —, os primeiros humanos operavam com comportamento variável movido por instintos, usando o conhecimento detalhado que cada integrante do grupo tinha de todos os outros.

A criação de grupos a partir do conhecimento mútuo íntimo e pessoal foi a realização mais singular da humanidade. Embora a semelhança de genomas via parentesco seja consequência inevitável da formação de grupos, a seleção de parentesco não foi a causa. As extremas limitações da seleção de parentesco e as propriedades semifantasmagóricas da aptidão inclusiva aplicam-se igualmente a humanos, a insetos eussociais e a outros animais.

A origem da condição humana é mais bem explicada pela interação social produzida pela seleção natural — a predisposição herdada para comunicar, reconhecer, avaliar, vincular-se, cooperar, competir e, depois de todas essas, o prazer profundo e caloroso de pertencer a seu próprio grupo. A inteligência social ampliada pela seleção de grupo fez do *Homo sapiens* a primeira espécie realmente dominante na história da Terra.

III
OUTROS MUNDOS

O SENTIDO DA EXISTÊNCIA HUMANA É MAIS BEM ENTENDIDO EM PERSPECTIVA, AO COMPARAR NOSSA ESPÉCIE COM OUTRAS FORMAS CONCEBÍVEIS DE VIDA E, POR DEDUÇÃO, ATÉ COM AQUELAS QUE POSSAM EXISTIR FORA DO SISTEMA SOLAR.

7. A humanidade desnorteada no mundo dos feromônios

A jornada segue, agora tomando outro rumo. A maior contribuição da ciência às humanidades é demonstrar como nossa espécie é bizarra, e por quê. Tal prova estaria inserida na pesquisa sobre a natureza de todas as espécies da Terra, cada uma bizarra a seu modo. Podemos chegar a ponto de antever, pelo menos um pouco, as propriedades da vida em outros planetas, inclusive daqueles que podem ter desenvolvido uma inteligência similar à humana.

As humanidades encaram as esquisitices da natureza humana aceitando-as como "são porque são". Escorados nessa percepção, artistas compõem narrativas, fazem música e criam imagens infinitamente detalhadas. Se examinarmos os atributos que definem nossa espécie, veremos que eles estão bem próximos uns dos outros contra o pano de fundo completo da biodiversidade. O sentido da existência humana não pode ser explicado até que o "são porque são" seja reduzido a "são porque".

Comecemos ilustrando quão especializada e peculiar é nossa amada espécie em meio às legiões de formas de vida que compõem a biosfera terrestre.

Num tempo remoto, passados éons durante os quais milhões de espécies surgiram e sumiram, uma linhagem, a dos antecedentes diretos do *Homo sapiens*, venceu a grande loteria da evolução. O prêmio foi a civilização baseada na linguagem simbólica e na cultura — e, a partir destas, um poder colossal de extrair os recursos não renováveis do planeta e exterminar displicentemente nossas espécies irmãs. A combinação vencedora foi uma mescla de pré-adaptações adquiridas ao acaso, que inclui um ciclo de vida passado quase todo em terra, um cérebro grande e capacidade cranial para acolher um cérebro ainda maior, dedos livres e flexíveis o bastante para manipular objetos, além — e isso é o mais difícil de entender — da dependência da visão e do som para se orientar, em vez do olfato e do paladar.

É claro que nos achamos geniais em nossa capacidade de, com o nariz, a língua e o palato, detectar compostos químicos. Ficamos orgulhosos ao reconhecer o buquê que se ergue da decantação e do retrogosto de uma safra especial. Podemos identificar a sala de uma casa no escuro, apenas pelo cheiro. E ainda assim somos praticamente anósmicos. Comparados a nós, os outros organismos, em sua maioria, são gênios. Mais de 99% das espécies de animais, plantas, fungos e micróbios dependem exclusivamente ou quase exclusivamente de uma seleção de compostos químicos (feromônios) para se comunicar com integrantes da mesma espécie. Elas também distinguem compostos químicos (alomônios) para reconhecer presas em potencial, predadores e parceiros simbióticos.

Aquilo que apreciamos como sons da natureza não passa de uma pequena mostra de seu potencial. O canto dos pássaros se destaca, é claro, mas não podemos esquecer que as aves estão entre as raras criaturas que, como nós, dependem de canais audiovisuais para se comunicar. Além do canto dos pássaros, ouvimos o coaxar dos sapos, o criquilar dos grilos, o estridular das esperanças e das cigarras. Podemos acrescentar, quem sabe, o som dos morcegos ao crepúsculo, utilizados para ecolocalização de obstáculos e presas voadoras, embora eles tenham uma agudeza que extrapola nossa gama de audição.

Nossas parcas habilidades em quimiossentidos têm implicações profundas em nossa relação com o restante da vida. Vejo-me obrigado a perguntar, à boca pequena: se moscas e escorpiões cantassem como os rouxinóis, gostaríamos um pouco mais deles?

Quanto aos sinais visuais da comunicação animal, apreciamos o movimento e a coloração dos pássaros, dos peixes e das borboletas. E também as cores vivas e as exibições de que se valem insetos, sapos e cobras para afugentar possíveis predadores. As mensagens, urgentes, não visam o deleite dos predadores, mas dizem: "Se você me comer, vai morrer, ficar doente ou, no mínimo, vai detestar meu gosto". Naturalistas têm uma regra quanto a esses alertas. Se um animal é bonito e também parece indiferente à aproximação de um outro, então ele não só é venenoso mas provavelmente até letal. Entre os exemplos incluem-se as cobras-corais mais lentas e os fleumáticos sapos dendrobatídeos. Temos como perceber isso, assim como apreciar e sair com vida, mas não temos como ver o ultravioleta que muitos insetos utilizam para se organizar — as borboletas, por exemplo, buscam flores que irradiam luz ultravioleta.

Os sinais audiovisuais do mundo vivo estimulam nossas emoções, e ao longo da história inspiraram grandes criações — o melhor da música, da dança, da literatura e das artes visuais. No entanto, elas são pífias se comparadas ao que se passa no mundo dos feromônios e alomônios. Para entender a lição de humildade da biologia, imagine-se com o poder de ver esses compostos químicos de forma tão vívida quanto o restante da vida ao redor, que consegue cheirá-los.

Você imediatamente é lançado em um mundo mais denso,

mais complexo e mais veloz do que o que deixou para trás, ou mesmo fantasiou. Este é o mundo real para a maior parte da biosfera terrestre. Outros organismos vivem nele, mas até agora você só vivia nas franjas desse universo. Nuvens onduladas erguem-se do solo e da folhagem. Gavinhas odoríferas fluem sob seus pés. Brisas levam tudo para o alto das árvores, de onde sopram ventos fortes que logo dissipam e apagam as gavinhas. Sob o chão, confinado por lixo e terra, surgem tufos a partir de radículas e de hifas fúngicas, que depois se infiltram por fendas dos arredores. As combinações de odores variam de um lugar a outro, separados por distâncias milimétricas. Elas compõem padrões e servem de postes de sinalização — utilizados o tempo todo por formigas e outros pequenos invertebrados, mas muito além da mísera capacidade de ser humano. Em meio ao campo de aromas de fundo, compostos químicos orgânicos raros e incomuns fluem em fluxos elipsoidais e expandem-se em bolhas hemisféricas. Estas são as mensagens químicas emitidas por milhares de espécies de pequenos organismos. Alguns são produzidos como efluentes que evaporam de seus corpos e atraem os predadores, e igualmente servem a presas em potencial como alerta de predadores próximos. Alguns são mensagens para outros da mesma espécie. "Estou aqui", sussurram aos companheiros potenciais e aos parceiros simbióticos. "Venham, venham, por favor, venham a mim." Aos potenciais competidores da mesma espécie, eles alertam, como os feromônios que cães deixam em hidrantes: "Você está no meu território. Cai fora!".

Ao longo do último meio século, pesquisadores (inclusive eu, que passei um período maravilhoso como um deles durante os primeiros anos em que trabalhei com a comunicação das formigas) descobriram que feromônios são transmitidos pelo ar e pela água não apenas para que outros os captem. Na verdade, eles têm alvo e mira precisos. A chave para entender qualquer comunicação feromônica é o "espaço ativo". Sempre que moléculas de odor saem flutuando de sua fonte (geralmente de uma glândula no corpo do animal ou de outros organismos), permanece uma concentração no centro da nuvem produzida, que é grande o suficiente para ser detectada por outros organismos da mesma espécie. É extraordinário como a evolução de cada espécie, ao longo de milhares ou milhões de anos, engendrou o tamanho e a estrutura da molécula, assim como a quantidade que é liberada em cada mensagem, e por fim a sensibilidade ao cheiro dela no organismo que a recebe.

Pense numa libélula fêmea convocando machos da sua espécie, à noite. O macho mais próximo talvez esteja a um quilômetro — o equivalente a aproximadamente oitenta quilômetros quando se passa da extensão corporal da mariposa à extensão corporal humana. Por isso, o feromônio sexual tem que ser potente, e isso foi provado em casos reais estudados por pesquisadores. Uma traça-indiana-da-farinha macho, por exemplo, é atiçada com apenas 1,3 milhão de moléculas por centímetro cúbico. Pode parecer um monte de feromônio, mas na verdade é uma quantidade ínfima se comparada, digamos, a um grama de amônia (NH_3), que contém 10^{23} (100 bilhões de trilhões) de moléculas. A molécula de feromônio precisa ser não apenas potente para atrair o tipo correto de macho, da mesma estrutura, rara que seja, o que torna altamente improvável atrair um macho da espécie errada, ou pior: um predador de mariposas. Os atratores sexuais das mariposas são tão precisos que aqueles de espécies diretamente aparentadas diferem por um único átomo, ou pela existência ou localização de uma ligação dupla, ou mesmo um só isômero.

A mariposa macho de espécies com um nível tão alto de exclusividade se depara com um problema sério para conseguir parceiras. O espaço ativo fantasmagórico que ela deve adentrar e percorrer começa num pontinho no corpo da fêmea. O macho prossegue mais ou menos como uma entidade elipsoide (em forma de carretel), até que por fim goteja num segundo pontinho, depois some. Na maioria dos casos, os machos não conseguem achar a fêmea-alvo simplesmente perambulando de uma concentração fraca de odor até um gradiente de concentração cada vez maior, como fazemos ao tentar descobrir a origem de um cheiro escondido na cozinha. Ele usa outro método, igualmente eficaz. Ao deparar com a nuvem de feromônios, o macho voa contra o vento até chegar à fêmea que o chama. Se ele perder o espaço ativo, o que pode acontecer facilmente quando uma brisa fizer o fluxo odorífero variar ou se distorcer, ele ziguezagueia pelo ar até adentrar mais uma vez o espaço ativo.

A mesma magnitude de capacidade olfativa exigida por esse exemplo é lugar-comum no mundo vivo. Cascavéis machos encontram fêmeas seguindo rastros de feromônio. Ambos os sexos, cujas línguas ficam se projetando e voltando para cheirar o solo, acham uma tâmia com a mesma precisão certeira de um caçador que acompanha um pato-real com o cano de sua espingarda.

Existe o mesmo grau de capacidade olfativa em qualquer lugar do reino animal sempre que há necessidade de fazer discriminação refinada. Entre os mamíferos, incluindo os seres humanos, mães reconhecem o odor de seus filhos em meio ao de outros. Com uma varredura de antenas sobre os corpos de operárias que vêm em sua direção, em questão de décimos de segundo formigas distinguem quem é colega de formigueiro de quem é estranha.

O desenho do espaço ativo evoluiu a ponto de comunicar informações variadas, muito além do sexo e do reconhecimento. Exalando substâncias de alerta, formigas sentinelas informam às colegas de formigueiro a aproximação de inimigos. Esses compostos químicos são de estrutura simples, se comparados aos feromônios de sexo e rastro. São liberados em grandes quantidades, e seus espaços ativos se estendem ampla e rapidamente. Não há privacidade; pelo contrário, quanto antes amigos e inimigos cheirarem tais espaços, melhor. O objetivo é provocar o alerta e a ação, e entre o maior número possível de colegas. Lutadoras bombadas correm a campo ao detectar um feromônio de alerta; ao mesmo tempo, as enfermeiras alojam as mais jovens no mais fundo no ninho.

Existe uma espécie norte-americana de formiga escravista que utiliza uma combinação excepcional de feromônio e alomônio como "substância manipuladora". O escravismo é disseminado entre formigas da zona temperada do norte. Começa quando colônias de espécies escravistas empreendem ataques a outras espécies de formiga. Suas operárias são indolentes em casa e raramente se envolvem em lides domésticas. Contudo, assim como os indolentes guerreiros espartanos da Grécia antiga, elas também são guerreiras ferozes. Em algumas espécies, as invasoras são dotadas de mandíbulas potentes, em forma de foice, capazes de perfurar os corpos das oponentes. Quando eu pesquisava sobre escravismo nas formigas, descobri uma espécie que utiliza um método radicalmente distinto. As invasoras transportam no abdômen (o segmento traseiro de seu corpo tripartido) um reservatório incrivelmente dilatado, recheado de uma substância de alerta. Ao atacar o ninho da vítima, elas dispersam grandes quantidades do feromônio pela câmara e galerias. O efeito sobre as defensoras do alomônio (ou, mais precisamente, pseudoferomônio) é perturbação, pânico e retirada. Elas sofrem o que sofremos ao ouvir um alarme absurdamente alto e insistente, proveniente de todos os lados. As invasoras não reagem da mesma forma. Ao invés disso, são atraídas ao feromônio, e por conta disso são facilmente capazes de apreender e carregar as mais jovens (na fase de pupa) das defensoras. Quando as presas emergem das pupas adultas, elas ficam carimbadas, agem como irmãs de suas sequestradoras e servem-nas de bom grado, como escravas, pelo resto da vida.

As formigas talvez sejam as criaturas feromônicas mais avançadas da Terra: elas têm mais receptores olfativos e sensoriais nas antenas do que qualquer outro tipo de inseto. Também são baterias ambulantes de glândulas exócrinas, cada uma delas especializada na produção de diferentes variedades de feromônio. Na regulação de suas vidas sociais, elas empregam, conforme a espécie, de dez a vinte tipos de feromônio. Cada um transmite um significado. E esse é só o princípio do sistema de informação. Feromônios podem ser disparados para criar sinais mais complexos. Quando liberados em momentos distintos ou lugares distantes, seu significado muda. Há ainda mais informação que pode ser transmitida conforme a concentração de moléculas. Pelo menos em uma espécie norte-americana de formiga forrageira que estudei, por exemplo, um nível mal detectável de feromônio suscita a atenção no movimento das operárias rumo a sua origem. Uma concentração levemente maior empolga as formigas a sair a procurá-lo, irrequietas. Uma concentração mais alta, que ocorre mais perto da operária sinalizante, provoca um ataque frenético em qualquer objeto orgânico estranho nas redondezas.

Algumas espécies de plantas se comunicam por feromônios. Pelo menos elas são capazes de ler a angústia de plantas vizinhas reagindo com ações próprias. Uma planta atacada por um inimigo sério — bactérias, fungos ou insetos — libera compostos químicos que reprimem o invasor. Algumas dessas substâncias são voláteis. Elas são "cheiradas" pelos vizinhos, que têm a reação defensiva idêntica mesmo que eles em si não estejam sob ataque. Algumas espécies são atacadas por afídeos sugadores de seiva, insetos abundantes principalmente na zona temperada do Norte e capazes de provocar prejuízo em larga escala. O vapor transmitido pelo ar e gerado pelas plantas não só incita plantas vizinhas a secretar compostos químicos de defesa, como chega a pequenas vespas que parasitam afídios, atraindo-as para as redondezas. Algumas espécies usam outra linha de defesa. Os sinais são transmitidos de planta em planta pelos filamentos de fungos simbióticos que entrelaçam as raízes e conectam uma planta a outra.

Até as bactérias organizam a vida a partir da comunicação feromônica. Células individuais se unem e nesse momento trocam entre si DNA de valor especial. À medida que suas populações ganham maior densidade, algumas espécies também ativam a "percepção de quórum". A reação é ativada por compostos químicos liberados no líquido em torno das células. A percepção de quórum resulta em comportamento cooperativo e formação de colônias. Em relação ao estabelecimento de colônias, o processo mais estudado é a construção de biofilmes: células que nadam desimpedidas se reúnem, optam por uma superfície e secretam uma substância que cerca e protege o grupo todo. Essas sociedades micro-organizadas estão por toda parte e dentro de nós — o bolor nas superfícies sujas do banheiro e a placa em dentes mal escovados, por exemplo.

Existe uma razão evolutiva simples que explica por que nossa espécie levou tanto tempo para compreender a verdadeira natureza do mundo saturado de feromônios em que vivemos. Para começar, somos grandes demais para entender a vida de insetos e bactérias sem fazer um esforço considerável. Além disso, ao longo da evolução, para chegar ao *Homo sapiens* foi preciso que nossos antepassados tivessem um cérebro grande, com bancos de memória que pudessem crescer o suficiente para possibilitar a origem da linguagem e da civilização. E mais: a locomoção bipedal liberou as mãos, o que permitiu a construção de ferramentas cada vez mais sofisticadas. Devido à avantajada dimensão do cérebro e ao bipedalismo, o ser humano posicionou a cabeça a uma altura maior que a dos outros animais, com exceção dos elefantes e de alguns ungulados excepcionalmente grandes. Assim, olhos e ouvidos ficaram apartados de quase todo o restante da vida, uma vez que mais de 99% das espécies são de tamanho muito diminuto e ligadas à terra, muito abaixo de nossos sentidos para merecer nossa atenção. Por fim, nossos antecedentes tinham que usar o canal audiovisual para se comunicar, não o feromônico. Qualquer outro canal sensorial, incluindo os feromônios, teria sido lento demais.

Em resumo, as inovações evolutivas que fizeram de nós a espécie dominante em relação ao resto da vida também nos tornaram aleijados em termos sensoriais. Deixaram-nos em grande parte ignorantes de quase toda a vida na biosfera que hoje estamos destruindo com tanta imprudência. Isso não teve grande importância no início da história humana, quando os humanos começaram a se espalhar pela Terra na fase inicial, logarítmica, do crescimento populacional. Como à época não eram muito numerosos, eles só rasparam uma película da energia e dos recursos vitalícios abundantes e, para eles, sem cheiro, de terra e mar. Ainda havia tempo e espaço para se tolerar uma boa margem de erro. Esses dias felizes acabaram. Somos incapazes de interpretar a língua dos feromônios, mas seria conveniente aprender mais a fundo como outros organismos o fazem, para assim podermos salvá-los e, com eles, a maior parte do ambiente do qual dependemos.

8. Os superorganismos

Imagine-se num parque da África oriental, binóculo a postos, observando leões, elefantes e uma variedade de búfalos e antílopes — os grandes e icônicos mamíferos da savana. De repente, um dos maiores e mais incompreendidos espetáculos da vida selvagem brota do chão, a poucos metros de onde você parou. Uma colônia de milhões de formigas legionárias sai de seu ninho subterrâneo. Agitadas, rápidas, correm mecanicamente, uma torrente de fúrias minúsculas e fortuitas. De início uma multidão abundante sem propósito claro, elas logo formam uma coluna que se projeta para fora, num amontoado tão denso que muitas caminham sobre as outras, e o conjunto geral começa a parecer um emaranhado de cordas que torce e se retorce.

Não há criatura viva que ouse tocar nessa coluna arrebatada. Cada uma das forrageiras está pronta para morder e picar com fúria qualquer intruso que possa servir de comida. Ao longo da coluna postam-se as soldadas, defensoras notáveis que se põem em pé com as mandíbulas em pinça armadas para o alto. As formigas legionárias são muito bem organizadas, embora não tenham líderes. A vanguarda consiste no que houver de operárias cegas que por acaso estejam no fronte no momento; elas se arremessam à frente rapidamente antes de dar lugar às que empurram de trás.

A mais ou menos vinte metros do ninho, o topo da coluna começa a se abrir como um leque, em colunas progressivamente menores. Logo o chão fica coberto por uma rede de colunas e operárias individuais que caçam e capturam insetos, aranhas e outros invertebrados. O propósito da incursão fica evidente. As formigas são predadoras universais, recolhem todas as presas pequenas que subjugam e as levam ao ninho como comida. As colunas também recolhem, inteiros ou em pedaços, todo animal que não conseguiu escapar — lagartos, cobras, pequenos mamíferos e, segundo rumores, bebês incautos. Existe um bom motivo para a ferocidade implacável das formigas legionárias. Há uma multidão de bocas que precisam ser alimentadas com muita comida e com frequência, caso contrário todo o sistema entra em colapso. A colônia inteira, a combinação de forrageiras e operárias que ficam em casa, é composta por até 20 milhões de fêmeas estéreis. Todas filhas da rainha-mãe, que tem o tamanho de um dedo polegar e, não por acaso, é também a maior formiga que se conhece no mundo.

A colônia de formigas legionárias é um dos superorganismos mais extremados que a evolução já produziu. Se ficarmos olhando para ela e embaçarmos o foco um pouquinho, parece uma ameba gigante que projeta um pseudópode com metros de comprimento, destinado a engolir partículas de comida. As unidades do superorganismo não são células, como nas amebas e em outros organismos, mas organismos individuais, de torso e seis patas. Essas formigas, essas unidades orgânicas, são totalmente altruístas e coordenam-se tão perfeitamente que lembram as células e os tecidos combinados de um organismo. Quando vistas na natureza ou num filme, nós a descrevemos como "aquelas", e não "aquilo".

Todas as 14 mil espécies conhecidas de formigas formam colônias que são superorganismos, embora apenas algumas tenham a organização tão complexa ou tão grande quanto às das formigas legionárias. Durante quase sete décadas, desde garoto, estudei centenas de variedades de formigas pelo mundo afora, tanto as simples quanto as complexas. Essa experiência me qualifica, acredito, a opinar sobre como alguns de seus hábitos podem se aplicar à nossa vida (se bem que, como veremos, o uso prático dessa constatação deixa muito a desejar). Começo pela pergunta mais frequente que o público em geral me faz: "O que faço com as formigas da cozinha?". Minha resposta vem do coração: "Cuidado onde pisa, muita atenção com essas vidinhas. Elas gostam sobretudo de mel, de atum e de migalhas de biscoito. Espalhe essas pequenas guloseimas pelo chão e observe até a primeira batedora encontrar a isca e informar a colônia, deixando um rastro odorífero. Enquanto uma pequena coluna a segue atrás de comida, você verá um comportamento social tão estranho que poderia ser de outro planeta. Pense nas formigas de cozinha não como pestes nem pragas, mas como um superorganismo que você convidou a se hospedar na sua casa".

A segunda pergunta mais frequente é: "O que podemos aprender sobre valores morais com as formigas?". Volto a responder de forma definitiva: "Nada. Absolutamente nada pode ser aprendido com as formigas". Em primeiro lugar, todas as formigas operárias são fêmeas. As formigas macho, uma vez geradas, aparecem no formigueiro apenas uma vez por ano, e de passagem. São criaturas desagradáveis, deploráveis, com asas, olhos gigantes, cérebro minúsculo e genitálias que constituem uma porção imensa do segmento traseiro do corpo. Os machos não trabalham quando estão no ninho e têm uma única função na vida: inseminar as rainhas virgens durante a estação do acasalamento, quando todos saem voando para a cópula. Eles só foram criados para cumprir um papel no superorganismo: são mísseis teleguiados do sexo. Ao copular, ou fazer o possível para tanto (geralmente os machos brigam para chegar a uma rainha virgem), eles não são aceitos de volta no lar — são programados para morrer em questão de horas, em geral vítimas de predadores. Agora, a lição moral: embora, como quase todo americano com instrução, eu seja um ardente defensor da igualdade entre os gêneros, considero o sexo à moda das formigas um pouco extremo.

Voltando rapidamente à vida no interior do ninho: muitas formigas comem seus mortos. Isso, em si, já é bem desagradável, mas sou obrigado a revelar que elas também comem as colegas mutiladas. Você já deve ter visto formigas operárias carregando companheiras que você feriu ou matou com um pisão (acidentalmente, espero), e decerto considera aquele um ato de heroísmo em campo de batalha. Bem, o propósito do resgate é mais sinistro.

Quando as formigas envelhecem, elas passam mais tempo nas câmaras mais externas e nos túneis do ninho, e são mais propensas a empreender arriscadas viagens de forrageio. Também são as primeiras a atacar formigas inimigas e outros intrusos que pululam por seus territórios e ao redor da entrada dos ninhos. Essa é a verdadeira diferença entre gente e formigas: enquanto enviamos à guerra os jovens, as formigas mandam as velhinhas. Não há lição moral a se tirar disso, a não ser que você esteja atrás de um paliativo mais barato de cuidados com a terceira idade.

Formigas doentes acompanham as idosas até o perímetro do ninho e chegam a sair. Como não existe médico-formiga, não se deixa a casa para procurar uma clínica-formiga, mas apenas para proteger a colônia de doenças contagiosas. Algumas formigas morrem de fungos e infecções de trematódes fora do ninho, permitindo que esses organismos disseminem a própria prole. Esse comportamento pode ser facilmente mal interpretado. Você talvez se pergunte — caso, como eu, tenha visto muitos filmes de Hollywood sobre invasores alienígenas e zumbis — se o parasita controla o cérebro do hospedeiro. A realidade é muito mais simples. Ao sair do ninho, a formiga doente tem a tendência hereditária a proteger as colegas. O parasita, por seu lado, evoluiu para se aproveitar de formigas que têm responsabilidade social.

As cortadeiras dos trópicos dos Estados Unidos estão entre as sociedades mais complexas de todas as espécies de formigas, talvez de todos os animais do mundo. Das florestas baixas e pradarias do México aos climas temperados da América do Sul, encontram-se filas absurdamente longas de formigas vermelhinhas e de tamanho mediano. Muitas carregam pedacinhos de folhas, flores e gravetos recém-cortados. Elas bebem a seiva mas não comem a vegetação fresca em estado sólido. Transportam o material para dentro dos formigueiros, e lá os convertem em estruturas complexas, semiesponjosas, a partir das quais criam um fungo comestível. Todo o processo, desde reunir a matéria-prima até o produto final, é conduzido numa linha de montagem que emprega uma sequência de especialistas. As cortadeiras em campo são de tamanho médio. Ao voltar para casa com seus fardos, incapazes de se defender, elas são molestadas por moscas *Phoridae*, parasitas ávidas em depositar ovos que eclodem em larvas carnívoras. O problema se resolve, em grande parte, com miniformigas operárias irmãs que sobem às costas das carregadoras, como cornacas em elefantes, e afugentam as moscas com meneios das patas traseiras. Dentro do ninho, as operárias, pouco menores que as coletoras, cortam os fragmentos em pedacinhos de um milímetro de diâmetro. Formigas ainda menores mastigam os fragmentos até fazer bolotas deles, adicionando a própria matéria fecal como fertilizante. Mesmo operárias menores usam as bolotas pegajosas para construir os jardins. As operárias bem pequenas — do tamanho das guardas antimoscas — plantam os fungos no jardim e cuidam deles.

Há mais uma casta de formigas cortadeiras, constituída de operárias maiores. De cabeça descomunal, com músculos adutores, elas cerram as mandíbulas afiadíssimas com tanta força que conseguem rasgar couro (o que dizer da pele humana). Ao que parece, são aptas a defender a colônia de predadores perigosos, incluindo tamanduás e outros mamíferos grandes. As soldadas ficam entocadas no fundo das câmaras mais profundas e atacam somente quando o ninho está em perigo. Numa recente viagem de pesquisa à Colômbia, descobri como trazer essas brutamontes à superfície com um esforço mínimo. Eu sabia que os ninhos das cortadeiras são arquitetados como um grande sistema de ar condicionado. Os canais próximos ao centro acumulam o ar descarregado, cheio de CO_2, aquecido pelos jardins e pelos milhões de formigas que moram neles. Quando o ar se aquece, ele faz convecção através de aberturas logo acima. Ao mesmo tempo, as aberturas na periferia do ninho puxam o ar fresco para dentro. Descobri que, se eu assoprasse nos canais periféricos, deixando meu hálito mamífero ser levado para o centro do ninho, as soldadas cabeçudas logo vinham me procurar. Admito que essa observação não possui função prática, a não ser que você aprecie a emoção de ser perseguido por formigas que não levam desaforo para casa.

Os superorganismos avançados de formigas, abelhas, vespas e cupins construíram, praticamente na base do instinto, algo que parece uma civilização. E isso com cérebros que medem um milionésimo do cérebro humano. E com um número de instintos muito menor. Pode-se comparar a evolução de um superorganismo a um jogo de montar. Com algumas pecinhas, encaixadas de maneiras diversas, fabrica-se um considerável número de estruturas. Na evolução dos superorganismos, aqueles que sobrevivem e se reproduzem da forma mais eficiente são os que mais nos deslumbram com sua complexidade sofisticada.

As poucas e afortunadas espécies capazes de evoluir ao nível de colônias superorgânicas também tiveram, em conjunto, grande êxito. As 20 mil e poucas espécies conhecidas de animais sociais (formigas, cupins, abelhas sociais e vespas, somadas) constituem apenas 2% de aproximadamente 1 bilhão de espécies conhecidas de insetos, mas três quartos da biomassa entomológica.

Com a complexidade, contudo, vem a vulnerabilidade, o que me leva a uma das estrelas dos superorganismos, a abelha melífera doméstica, e a uma lição de moral. Quando a doença ataca animais sociais fracos ou solitários que adotamos por simbiose, como galinhas, porcos e cachorros, a vida deles é bastante simples, e os veterinários têm como diagnosticar e resolver a maioria dos problemas. Já a vida das abelhas melíferas é, de longe, muito mais complexa que a de nossos parceiros domésticos. Há tantas mais reviravoltas na sua adaptação ao ambiente que, se ela não dá certo, pode prejudicar parte do ciclo de vida da colônia. A impossibilidade de coibir o colapso das colônias de abelhas melíferas na Europa e na América do Norte, que ameaça boa parte da polinização cruzada e o abastecimento alimentício da humanidade no presente, talvez represente uma fraqueza intrínseca dos superorganismos em geral. Assim como nós, com nossas cidades complexas e alta tecnologia interconectada, pode ser que a excelência delas as tenha levado a correr tamanho risco.

Vez por outra se fala de sociedades humanas como superorganismos. Há certo exagero nisso. É verdade que formamos sociedades que dependem da cooperação, da especialização do trabalho e de frequentes atos de altruísmo. Mas enquanto insetos sociais são governados quase totalmente por instinto, nós baseamos a divisão de trabalho na transmissão da cultura. E, diferentemente dos insetos sociais, somos muito egoístas para nos comportar como célula de um organismo. Quase todos os seres humanos correm atrás de seu próprio destino. Querem se reproduzir, ou pelo menos desfrutar de alguma forma de prática sexual adaptada a esse fim. Seres humanos vão sempre se revoltar contra a escravidão; nunca deixarão que os tratem como formigas operárias.

9. Por que os micróbios dominam a galáxia

Existe um tipo de vida muito além do sistema solar. Os especialistas concordam que, a distâncias de até cem anos-luz do Sol, ela existe pelo menos numa minoria de planetas similares à Terra que circundam estrelas. A prova direta de sua presença, positiva ou negativa, talvez surja em breve, possivelmente em questão de uma ou duas décadas. Obteremos essa prova a partir da espectrometria da luz de estrelas-mães que cruzam as atmosferas dos planetas. Se os pesquisadores detectarem moléculas de gás cuja "bioassinatura" for de uma variedade que só possa ser gerada por organismos (ou se elas forem muito mais abundantes que o esperado num equilíbrio de gases sem presença de vida), a existência de vida alienígena passará do hipotético fundamentado ao altamente provável.

Sendo um investigador da biodiversidade e, talvez o mais importante, um otimista conciliador, acredito poder somar credibilidade à busca por vida extrassolar na história da Terra. A vida emergiu aqui bastante rápido, assim que as condições foram favoráveis. Nosso planeta nasceu há 4,54 bilhões de anos. Micróbios surgiram logo após a superfície se tornar habitável, entre 100 milhões e 200 milhões de anos depois. O intervalo entre habitável e habitada pode parecer uma eternidade à mente humana, mas não passa de um dia e noite na história de quase 14 bilhões de anos da Via Láctea.

A origem da vida na Terra é apenas mais um dado dentro de um universo imenso. Mas os astrobiólogos, armados de tecnologia cada vez mais sofisticada na pesquisa por vida alienígena, acreditam que pelo menos alguns poucos — e provavelmente sejam muitos — planetas em nosso setor da galáxia tiveram gênese biológica similar. Para eles, o requisito é que os planetas tenham água e estejam em órbita na "Zona Cachinhos Dourados" — não perto o bastante da estrela-mãe para virar fornalhas, nem longe a ponto de a água ficar eternamente em forma de gelo. Também deve-se levar em conta que só porque um planeta é inóspito isso não quer dizer que sempre tenha sido assim. Além disso, numa superfície aparentemente estéril talvez existam pequenos bolsões de hábitat — oásis — que sustentem organismos. Por fim, a vida pode ter se originado em algum ponto com elementos moleculares que diferem dos do DNA e das fontes de energia utilizadas por organismos terrestres.

Há uma previsão inevitável: seja qual for a condição da vida alienígena, tenha brotado no mar ou em terra, ou mal se sustente em micro-oásis, ela consistirá em grande parte ou totalmente de micróbios. Na Terra, esses organismos, a maioria dos quais só se pode ver com auxílio óptico, incluem majoritariamente protistas (como amebas e paramécios), fungos e algas microscópicas e, os menores deles, as bactérias, as arqueias (parecidas com as bactérias, mas de composição genética distinta), os picozoanos (protistas ultrapequenos que os biólogos diferenciaram há pouco tempo) e os vírus. Em termos comparativos: se o trilhão de células humanas ou uma ameba solitária ou uma alga monocelular têm o tamanho de uma cidadezinha, uma bactéria típica ou uma arqueia seria do tamanho de um campo de futebol, e, um vírus, grande como uma bola de futebol.

Toda a fauna e a flora microbiana da Terra é extremamente resiliente e ocupa hábitats que podem parecer armadilhas mortais. Um astrônomo extraterrestre que vasculhasse a Terra não veria, por exemplo, as bactérias que vicejam nas espumas vulcânicas do mar profundo, acima da temperatura de ebulição da água, ou outras espécies bacterianas em efusões de minas com um pH próximo do ácido sulfúrico. O ET não conseguiria detectar os organismos microscópicos abundantes na superfície semimarciana dos Vales Secos de McMurdo, na Antártida, considerado o ambiente mais inóspito da Terra depois das calotas polares. O ET não conheceria a *Deinococcus radiodurans*, uma bactéria terrestre tão resistente à radiação letal que o reservatório plástico no qual se faz sua cultura perde a cor e racha antes de morrer a última célula.

Será que outros planetas do sistema solar abrigam esses extremófilos, como nós, os biólogos terrestres, o chamamos? Na Terra, a vida pode ter evoluído nos primeiros oceanos e sobrevivido nos aquíferos profundos de água líquida. Existem paralelos abundantes dessa regressão subterrânea — em todos os continentes abundam ecossistemas cavernosos avançados, que incluem pelo menos micróbios, na maior parte do mundo também insetos e aranhas e até mesmo peixes, todos com anatomia e comportamento especializado para a vida em ambientes de escuro absoluto e quase estéril. São ainda mais impressionantes os SLIMES (ecossistemas microbianos litoautróficos subterrâneos), distribuídos por terra e fissuras rochosas próximas da superfície à profundidade de até 1,4 quilômetro, que consistem em bactérias que vivem da energia extraída do metabolismo das rochas. Quem se alimenta delas são as espécies recém-descobertas de nematódeos do subterrâneo profundo, minhoquinhas minúsculas de formato comum, abundantes em todos os cantos da superfície do nosso planeta.

No sistema solar, além de Marte, há outros locais para se buscar organismos, pelo menos aqueles com a biologia do que na Terra chamamos extremófila. Faz sentido buscar micróbios em ilhotas aquáticas sob ou em torno dos gêiseres gelados de Encélado, a luazinha superativa de Saturno. E, dada a oportunidade, deveríamos (na minha opinião) sondar os vastos oceanos aquáticos de Callisto, Europa e Ganimedes, luas de Júpiter, assim como Titã, uma das grandes luas de Saturno. Todas envoltas em grossas camadas de gelo. À superfície, podem parecer de um frio brutal e sem vida, mas por baixo há profundezas quentes que abrigam organismos líquidos. Eventualmente podemos, se quisermos, furar essas camadas para chegar à água — assim como os exploradores científicos vêm fazendo sobre o lago Vostok, selado pela calota polar antártica há 1 milhão de anos ou mais.

Algum dia, talvez ainda neste século, nós — mais provável que sejam nossos robôs — visitaremos esses locais em busca de vida. Temos que ir e iremos, acredito eu, porque a mente coletiva humana tende a murchar se não houver fronteiras. O ardor por odisseias e aventuras longínquas está em nossos genes.

O destino supremo dos astrônomos e biólogos aventureiros certamente seria chegar ainda mais longe, bem mais longe, atravessando distâncias incompreensíveis no espaço, para alcançar estrelas e planetas com potencial para abrigar vida em torno de si. Já que o espaço sideral é transparente à luz, a detecção de vida alienígena muito remota é um sonho realmente possível. Muitos alvos potenciais serão encontrados na massa de dados coletada pelo telescópio espacial Kepler antes de ele se estragar, em 2013, assim como outros telescópios espaciais em fase de planejamento e os telescópios de base terrestre mais potentes. E logo. Em meados de 2013, já haviam sido detectados quase novecentos planetas extrassolares — acreditava-se que outros milhares seriam descobertos no futuro próximo. Uma extrapolação recente (permita-me uma pausa: extrapolações são procedimentos consideravelmente arriscados na ciência) prevê que um quinto das estrelas é orbitado por planetas do tamanho da Terra. Aliás, a classe mais comum de sistemas detectados até o momento inclui planetas com um a três vezes o tamanho da Terra e, portanto, com gravidade similar à da Terra. Então, o que isso nos diz sobre o potencial da vida no espaço sideral? Primeiro: estima-se que existam dez estrelas de vários tipos num raio de dez anos-luz do Sol, aproximadamente 15 mil em cem anos-luz, e 260 mil em 250 anos-luz. Usando como pista a origem da vida humana na história geológica da Terra, é plausível que o número total de planetas dotados de vida a até cem anos-luz seja de dezenas ou centenas.

Encontrar até a forma mais simples de vida extraterrestre seria um salto quântico na história da humanidade. Em termos de autoimagem, seria confirmar sua posição no universo como algo infinitamente modesto em estrutura e infinitamente majestoso em termos de realização.

Os cientistas vão querer (loucamente) ler o código genético dos micróbios extraterrestres, considerando que eles se localizem em algum ponto do sistema solar e que sua genética molecular seja estudada. Esse passo é realizável com instrumentos robóticos, o que elimina a necessidade de trazê-los à Terra. Ele revelaria qual das duas conjecturas opostas sobre o código da vida está correta. Primeiro, se os ETs microbianos têm um código diferente dos micróbios terrestres, sua biologia molecular também seria diferente. E caso isso se prove, talvez surja daí uma nova biologia. Além disso, seríamos obrigados a concluir que o código que a vida usa na Terra provavelmente seja um dos diversos possíveis na galáxia, e que os códigos de outros sistemas estelares foram originados como adaptações a ambientes muito diferentes destes da Terra. Se, por outro lado, o código dos extraterrestres for basicamente o mesmo dos organismos nativos da Terra, seria possível sugerir (mas não provar, ainda não) que a vida em qualquer lugar pode se originar apenas com um código, o mesmo da gênese biológica da Terra

Outra opção, quem sabe, seria a de organismos fazendo uma viagem interplanetária pelo espaço, vivendo em êxtase criogênica por milhares ou milhões de anos, com alguma proteção da radiação cósmica galáctica e das ondas de partículas energéticas solares. A viagem interplanetária, ou mesmo interestelar, dos micróbios, chamada pangênese, soa como ficção científica. Sabemos muito pouco do vasto agrupamento de bactérias, arqueias e vírus na Terra para dar algum pitaco sobre os extremos da adaptação evolutiva, aqui e em outros pontos do sistema solar. Aliás, sabemos hoje que algumas bactérias terrestres são propensas a viagens espaciais, mesmo que (até onde se saiba) nenhuma tenha tido sucesso. Grande número de bactérias vivas ocorre nas atmosferas mediana e superior, a altitudes de seis a dez quilômetros. Compostas por uma média de aproximadamente 20% de partículas com diâmetros de 0,25 mícron a um mícron, entre elas estão espécies que conseguem metabolizar compostos de carbono das variedades que se encontram a seu redor nos mesmos estratos. Se algumas têm capacidade de manter populações em reprodução, ou se, pelo contrário, são apenas viajantes temporárias erguidas pelas correntes de ar da superfície, é uma dúvida que ainda temos que resolver.

Talvez tenha chegado a hora de usar uma rede de arrastão para pegar os micróbios em distâncias variadas além da atmosfera terrestre. As redes poderiam ser compostas por lençóis ultrafinos rebocados por satélites orbitais ao longo de bilhões de quilômetros cúbicos de espaço, depois embrulhados e devolvidos para estudo. Essa incursão no espaço talvez renda resultados acachapantes. Mesmo espécies novas e anômalas de bactérias nascidas na Terra, capazes de suportar as condições mais hostis — ou a ausência de tais organismos —, fariam esse empenho valer a pena. Ajudaria a responder a duas questões-chave da astrobiologia: "Quais as condições ambientais extremas nas quais membros atuais da biosfera terrestre conseguem existir?" e "Será que organismos podem se originar em outros mundos em condições tão duras?".

10. Um retrato do ET

Agora, vou expor uma especulação, mas não uma especulação pura. Se examinarmos as várias espécies de animais na Terra e sua história geológica, e depois estendermos os dados a equivalentes plausíveis em outros planetas, é possível fazer um esboço grosseiro da aparência e do comportamento de organismos extraterrestres inteligentes. Por favor, não feche o livro. Refreie a vontade de repudiar essa abordagem à primeira vista. Pense que é um jogo científico, no qual as regras mudam para se acomodar a novas evidências. Um jogo que vale a pena jogar. O desfecho, mesmo que a chance de contato com aliens de categoria humana ou superiores se prove infinitésima por toda a eternidade, é construir um contexto do qual podemos extrair uma imagem mais precisa de nossa espécie.

Evidentemente existe a tentação de deixar o assunto para Hollywood, com a criação dos monstros assustadores de *Star Wars* ou dos americanos maquiados como punks que habitam *Star Trek*. Uma coisa é aprofundar o conhecimento sobre os micróbios extraterrestres: não é difícil imaginar, em linhas gerais, a automontagem de organismos primitivos no nível das bactérias, arqueias, *Picozoa* e vírus da Terra; talvez os cientistas em breve descubram evidência dessa vida microbiana em outros planetas. Outra coisa seria conceber a origem da inteligência extraterrestre no grau humano ou superior. O nível mais complexo de evolução ocorreu na Terra apenas uma vez, e isso só depois de mais de 600 milhões de anos de evolução em termos de uma vasta diversidade de vida animal.

Os últimos degraus evolucionários anteriores à singularidade humana, ou seja, à divisão altruísta de trabalho em um ninho protegido, ocorreram em apenas vinte ocasiões conhecidas na história da vida. Três das linhagens que alcançaram o nível preliminar final foram os mamíferos, sobretudo duas espécies de ratos-toupeira africanos, e o *Homo sapiens* — este último uma estranha ramificação de símios africanos. Catorze das vinte espécies de alto desempenho na organização social são insetos. Três são camarões marinhos que habitam corais. Nenhum animal não humano tem o corpo grande o bastante nem, portanto, porte cerebral grande o suficiente para evoluir à alta inteligência.

O fato de a linhagem pré-humana ter chegado até o *Homo sapiens* resultou da combinação de uma oportunidade única com uma extraordinária sorte. As chances de isso não acontecer eram imensas. Caso uma dessas populações em linha direta para a espécie moderna tivesse sido extinta nos últimos 6 milhões de anos desde o racha humano-chimpanzé — sempre possível, já que a existência geológica média de uma espécie mamífera é de cerca de 500 mil anos —, talvez fossem necessários mais *100 milhões* de anos para surgir uma segunda espécie de nível humano.

Uma vez que provavelmente todas as peças também tenham que se encaixar além do sistema solar, ETs inteligentes também tendem ao improvável e raro. Levando isso em consideração, e presumindo que eles de fato existam, é razoável questionar a que distância da Terra se encontrariam ETS de grau humano ou superior. Permitam-me um chute fundamentado. Pensemos primeiro nos milhares de espécies animais terrestres gigantes que brotaram na Terra nos últimos 400 milhões de anos, sendo que nenhuma, além da nossa, fez essa escalada. A seguir, lembremos que enquanto 20% ou mais sistemas estelares talvez sejam circundados por planetas similares à Terra, apenas uma fração pequena pode comportar água em estado líquido e também possuir uma órbita Cachinhos Dourados (repito: não tão perto da estrela-mãe a ponto de cozinhar, não tão distante a ponto de ser uma geleira permanente). Essas evidências são bem rasas, concordo, mas elas questionam a evolução da alta inteligência em algum dos dez sistemas estelares a até dez anos-luz do Sol. Existe uma chance, fraca mas impossível de comprovar de maneira confiável, de que o evento tenha ocorrido a uma distância de cem anos-luz do Sol, um raio que inclui 15 mil sistemas estelares. No raio de 250 anos-luz (260 mil sistemas estelares), as chances aumentam drasticamente. A essa distância, se nos restringirmos a trabalhar com a experiência na Terra, o que era incerto e marginalmente possível passa a ser provável.

Vamos admitir o sonho de muitos escritores de ficção científica, assim como de astrônomos, de que existem ETS civilizados por aí, mesmo a uma distância quase incompreensível. Como eles seriam? Bem, me permito outro chute. Ao combinar a evolução e as propriedades peculiares da natureza humana, hereditária às adaptações conhecidas por milhões de outras espécies na grande biodiversidade terrestre, acredito ser possível gerar um retrato hipotético lógico, ainda que bastante cru, de aliens de nível humano em planetas similares à Terra.

ETs são fundamentalmente terrestres, não aquáticos. Durante sua ascensão final na evolução biológica ao grau humano de inteligência e civilização, eles devem ter usado fogo controlado ou outra fonte móvel de grande energia para criar tecnologia que supere as primeiras fases.

ETs são animais relativamente grandes. A julgar pelos animais terrestres mais inteligentes da Terra — que são, em ordem descendente no ranking, macacos e símios do Velho Mundo, elefantes, porcos e cães —, ETs de planetas com massa igual ou próxima da terrestre evoluíram de ancestrais que pesavam entre dez e cem quilos. O menor tamanho corporal entre as espécies implica cérebros em média menores, assim como menos capacidade de armazenamento de memória, além de inteligência mais fraca. Só animais grandes apresentam tecido neural suficiente para ser inteligentes.

ETs são biologicamente audiovisuais. A tecnologia avançada deles, assim como a nossa, permite que troquem informações em diversas frequências dentro de um setor bastante amplo do espectro eletromagnético. Mas no pensar e falar comum entre si, eles usam a visão da mesma forma que nós, empregando uma seção estreita do espectro, assim como do som criado pelas ondas de pressão do ar. Ambos são necessários para a comunicação veloz. A visão a olho nu do ET talvez lhes permita enxergar o mundo em ultravioleta, da mesma forma que as borboletas, ou em alguma outra cor primária, ainda sem nome, que fuja à gama de frequências de onda que os humanos percebem. Sua comunicação auditiva talvez seja imediatamente percebida por nós, mas também pode ser a um tom muito alto, como o usado por grilos e vários outros insetos, ou muito baixo, como os elefantes. Nos mundos microbianos dos quais os ETs dependem, e provavelmente na maioria do mundo animal, grande parte da comunicação se dá por feromônios, compostos químicos que são secretados para transmitir significado a partir de cheiro e gosto. Os ETs, contudo, não podem empregar esse meio, assim como nós. Embora seja teoricamente possível enviar mensagens complexas por meio da liberação controlada de odores, a modulação de amplitude e frequência necessária para criar uma linguagem só é possível dentro de poucos milímetros.

Por fim, será que os ETS conseguiriam ler expressões faciais ou linguagem de sinais? É claro. Ondas cerebrais? Desculpe, não vejo como isso seria possível, se não a partir de tecnologia neurobiológica bem avançada.

A cabeça deles chama a atenção, é grande e localizada em posição anterior. Os corpos de animais da superfície da Terra são em certa medida alongados, e a maioria tem simetria bilateral — os lados esquerdo e direito são imagens espelhadas. Todos possuem cérebros com absorção sensorial decisiva situada na cabeça, adaptada à situação para varreduras rápidas, integração e ação. Os ETS não são diferentes. A cabeça também é grande em comparação ao corpo, com uma câmara especial para acolher bancos de memória necessariamente de grande porte.

Eles possuem mandíbulas e dentes do leve ao moderado. Na Terra, mandíbulas pesadas e dentes enormes para triturar são marcas da dependência de vegetação rasteira. Caninos e chifres denotam defesa contra predadores ou concorrência entre machos da espécie, ou ambos. Durante sua ascensão evolutiva, os ancestrais dos aliens quase com certeza dependeram da cooperação e da estratégia ao invés da força bruta e do combate. Provavelmente também foram onívoros, como os humanos. Só uma dieta abrangente, altamente energética, poderia levar populações relativamente grandes para o estágio final de ascensão — que nos humanos ocorreu com a invenção da agricultura, das aldeias e de outros atributos da revolução neolítica.

Eles possuem alta inteligência social. Todos insetos sociais (formigas, abelhas, vespas, cupins) e os mamíferos mais inteligentes vivem em grupos cujos membros contínua e simultaneamente competem e cooperam entre si. A capacidade de se encaixar numa rede social complexa e de alta mobilidade dá uma vantagem darwiniana tanto aos grupos quanto aos integrantes individuais que os compõem.

ETs têm um número reduzido de apêndices locomotivos livres, projetados para exercer força mediante esqueletos rígidos internos ou externos compostos de elementos articulados (como os cotovelos e joelhos humanos), dos quais pelo menos um par tem extremidades cujos dígitos possuem pontas carnudas que são usadas para sensibilidade e compressão. Desde que os primeiros peixes sarcopterígios subiram à superfície na Terra, há aproximadamente 400 milhões de anos, todos seus descendentes, dos sapos às salamandras, dos pássaros aos mamíferos, têm quatro membros. Além disso, entre os invertebrados mais bem-sucedidos e numerosos na superfície estão os insetos, com seis apêndices locomotivos, e as aranhas, com oito. Ter um pequeno número de apêndices, portanto, é evidentemente uma coisa boa. Além do mais, é fato que apenas chimpanzés e humanos inventam artefatos, que variam na natureza e no design de uma cultura a outra. Eles o fazem graças à versatilidade das pontas moles dos dedos. É difícil imaginar uma civilização construída com bicos, garras e raspadeiras.

Eles possuem moral. A cooperação entre membros de um grupo baseada em alguma medida de sacrifício pessoal é regra entre espécies altamente sociais na Terra. Ela surgiu da seleção natural tanto nos níveis individual quanto grupal, sobretudo no segundo. Teriam os ETs uma tendência moral congênita similar? Estenderiam isso a outras formas de vida, como fizemos (por mais que de forma imperfeita) na conservação da biodiversidade? Se a força motriz do início da evolução deles for parecida com a nossa — a possibilidade é grande —, acredito que eles possuiriam códigos morais comparáveis aos nossos, também baseados no instinto.

Talvez não tenha fugido à atenção do leitor que até o momento tentei vislumbrar os ETS apenas com a forma que tinham no princípio de suas civilizações. É o equivalente ao retrato da humanidade que se desenhou na era neolítica. A partir daquele período, nossa espécie foi abrindo caminhos pela evolução cultural, ao longo de dez milênios, dos rudimentos da civilização em aldeias dispersas até a comunidade global tecnocientífica de hoje. É provável que tenha sido por simples acaso que as civilizações extraterrestres tenham dado o mesmo salto não só há milênios, mas milhares de milênios atrás. Com a mesma capacidade intelectual que já possuímos, quem sabe com bem mais, será que eles não edificaram seu código genético a ponto de poder alterar a própria biologia? Será que ampliaram suas capacidades de memória pessoal e criaram novas emoções enquanto reduziam as antigas — assim acrescentando criatividade ilimitada às ciências e às artes?

Não acredito. Tampouco assim agirão os humanos, a não ser para corrigir genes mutantes que provoquem doenças. Creio que seria desnecessário para a sobrevivência da espécie reequipar o cérebro e o sistema sensorial humano e, de certo modo, seria inclusive suicida. Depois de deixar todo o conhecimento cultural ao acesso de poucas teclas, depois de ter construído robôs que conseguem nos superar no pensamento e na performance, dois projetos já muito bem encaminhados, o que restará à humanidade? Tem-se apenas uma resposta: optaremos por manter a mente humana singularmente intrincada, contraditória consigo mesma, internamente conflituosa e infinitamente criativa do mesmo jeito que ela é hoje. Essa é a verdadeira Criação, o dom que nos foi dado antes mesmo de o reconhecermos como tal ou sabermos seu significado, antes do tipo móvel da imprensa e das viagens espaciais. Protegeremos a existência, optando por não inventar um novo tipo de mente a se enxertar sobre ou suplantar os sonhos reconhecidamente fracos e instáveis de nossa mente antiga.

E acho reconfortante acreditar que ETs inteligentes, onde quer que estejam, terão tido o mesmo raciocínio.

Por fim, se os ETs sabem algo da existência da Terra, será que vão decidir colonizá-la? Teoricamente, a ideia pode ter soado plausível e até ter sido contemplada em vários momentos, por vários deles, ao longo dos últimos milhões ou centenas de milhões de anos. Imaginemos que uma espécie de ET conquistadora tenha surgido em algum ponto nos arredores de nossa galáxia desde os tempos da era paleozoica terrestre. Assim como nós, desde o início ela foi guiada pelo impulso de invadir todos os mundos habitáveis a que podia chegar. Imaginemos que esse ímpeto pelo *lebensraum* cósmico tenha começado há 100 milhões de anos, numa galáxia já anciã. Imaginemos também (dentro do razoável) que foram precisos dez milênios desde decolar até alcançar o primeiro planeta habitável; e, a partir daí, com a tecnologia aperfeiçoada, os colonizadores dedicaram mais dez milênios para expedir uma armada grande o bastante para ocupar mais dez planetas. Se seguíssemos esse crescimento exponencial, esses líderes supremos já haveriam colonizado boa parte da galáxia.

Eis dois motivos pelos quais as conquistas galácticas nunca ocorreram — tampouco começaram — e, portanto, nosso pobre planetinha não foi colonizado nem nunca será. Existe uma possibilidade remota de que a Terra tenha sido visitada por sondas robóticas assépticas, ou que no futuro distante venha a ser visitada, mas elas não serão acompanhadas por seus criadores orgânicos. Todo ET possui uma fraqueza fatal. Seus corpos decerto transportariam microbiomas, ecossistemas inteiros de micro-organismos simbióticos comparáveis àqueles dos quais nossos próprios corpos dependem para a existência cotidiana. Os colonizadores do nosso planeta também seriam obrigados a trazer cultivares, equivalentes a nossas algas ou outro organismo que recolha energia, para se alimentar. Eles presumiriam corretamente que toda espécie nativa de animal, planta, fungo e micro-organismo na Terra seria potencialmente letal a eles e seus simbiontes. E isso porque os dois mundos vivos, o nosso e o deles, são radicalmente distintos em termos de origem, maquinário molecular e dos percursos infinitos da evolução que produziram formas de vida posteriormente unidas pela colonização. Os ecossistemas e as espécies do mundo alien seriam totalmente incompatíveis com os nossos.

O resultado seria um desastre biológico. Os primeiros a perecer seriam os colonizadores aliens. Os inquilinos — nós e toda a fauna e flora terrestre, à qual somos tão refinadamente adaptados — não seriam afetados, a não ser de forma breve e pontual. O embate dos dois mundos não seria como o atual intercâmbio de espécies de plantas e animais entre Austrália e África, ou entre a América do Sul e a do Norte. É verdade que recentemente houve danos consideráveis a ecossistemas nativos devido a essa mistura intercontinental, provocada por nossa própria espécie. Muitos dos colonizadores perduram como espécie invasora, sobretudo em hábitats que os humanos prejudicaram. Algumas espécies se reproduzem tanto que sufocam e extinguem as espécies nativas. Mas nada disso é comparável à incompatibilidade biológica perniciosa que arruinaria colonizadores interplanetários. Para colonizar um planeta habitável, primeiro os aliens teriam que destruir toda a vida que há nele, até o último micróbio. Melhor ficar em casa, pelo menos mais alguns bilhões de anos.

Isso me leva ao segundo motivo pelo qual nosso frágil planetinha não tem nada a temer de extraterrestres. ETs espertos o bastante para explorar o espaço certamente também entendem de selvageria e do risco de morte inerente à colonização biológica. Eles já teriam chegado à conclusão, à qual nós não chegamos, de que para evitar a extinção ou a reversão a condições insuportavelmente áridas em seu planeta natal, precisariam alcançar a sustentabilidade e sistemas políticos estáveis muito antes de se aventurar em jornadas distantes de seu sistema estelar. Eles podem ter decidido explorar outros planetas que carregam vida — discretamente, com robôs —, mas não empreender uma invasão. Eles não teriam necessidade, a não ser que seu planeta natal estivesse prestes a ser destruído. Se tivessem sido capazes de viajar entre sistemas estelares, também teriam sido capazes de evitar a destruição planetária.

Entre nós, hoje vivem entusiastas do espaço que acreditam que a humanidade poderia emigrar para outro planeta depois que tiver esgotado o nosso. Eles deviam atentar ao que considero ser um princípio universal, para nós e para todo ET: só existe um planeta habitável e, portanto, apenas uma chance de imortalidade para a espécie.

11. O colapso da biodiversidade

Pensemos a biodiversidade terrestre, a variedade biológica do planeta, como um dilema envolto num paradoxo. O paradoxo é o seguinte: quanto mais espécies a humanidade extermina, mais espécies novas os cientistas descobrem. Contudo, assim como os conquistadores europeus que derreteram o ouro inca, eles sabem que o grande tesouro um dia acabará — e que esse dia está próximo. E essa constatação leva ao dilema: deter a aniquilação em prol das gerações futuras ou o oposto, ou seja, continuar transformando o planeta conforme nossas necessidades imediatas. No último caso, o planeta Terra vai, irreversível e imprudentemente, adentrar uma nova era de sua história, que alguns chamam de Antropoceno — uma era de e para apenas uma espécie, à qual todo o restante da vida será subordinado. Prefiro chamar esse futuro deprimente de Eremoceno, a Era da Solidão.

Os cientistas dividem a biodiversidade (e aqui me refiro ao restante da vida) em três níveis. No alto estão os ecossistemas, por exemplo as florestas, lagos e recifes de corais. Abaixo destes, as espécies que constituem cada um dos ecossistemas. E na base os genes que prescrevem os traços distintivos de cada espécie.

Pode-se medir a biodiversidade pelo número de espécies. Em 1758, quando Lineu começou a classificação taxonômica formal ainda hoje em uso, ele reconheceu cerca de 20 mil espécies no mundo inteiro. Pensou que ele, com o auxílio de seus alunos e ajudantes, poderia dar conta de toda, ou quase toda, a fauna e a flora mundiais. Em 2009, segundo o Gabinete Australiano de Recursos Biológicos, o número já havia crescido para 1,9 milhão. Em 2013, provavelmente era de 2 milhões. E isso ainda é um ponto inicial na jornada de Lineu. Não se conhece o número verdadeiro nem na ordem de magnitude mais próxima. Quando se acrescentam invertebrados ainda desconhecidos, fungos e micro-organismos, as estimativas variam substancialmente de 5 milhões a 100 milhões de espécies.

A Terra, em resumo, é um planeta pouco conhecido. O ritmo de mapeamento da biodiversidade permaneceu lento. Novas espécies enchem laboratórios e museus mundo afora, mas estão sendo identificadas e nomeadas a um ritmo aproximado de apenas 20 mil por ano. (Descrevi cerca de 450 espécies inéditas de formigas de todo o mundo ao logo de minha carreira.) Nesse ritmo, com a estimativa baixa de 5 milhões de espécies ainda a classificar, a tarefa só estará completa por volta de meados do século XXIII. Esse ritmo de lesma é a desgraça das ciências biológicas, que se baseiam no equívoco de que a taxonomia é uma área já encerrada e datada da biologia. Resultado: essa disciplina ainda vital foi praticamente expulsa do mundo acadêmico e relegada a museus de história natural, que por sua vez estão empobrecidos e obrigados a reduzir seus programas de pesquisa.

A exploração da biodiversidade tem poucos aliados no mundo empresarial e médico. É um tremendo erro, uma perda para a ciência em geral. Taxonomistas fazem muito mais que nomear espécies. São também as autoridades e os pesquisadores primários dos organismos de sua especialidade. É a eles que devemos recorrer para entender o que se sabe da vida não humana, inclusive grupos de dispersão planetária como nematódeos, ácaros, insetos, aranhas, copépodes, algas, gramíneas e compostas dos quais, no fim das contas, nossa vida depende.

A fauna e a flora de um ecossistema também são muito mais que conjuntos de espécies. São um sistema complexo de interações, no qual a extinção de qualquer espécie sob certas condições poderia ter um impacto profundo sobre o todo. Existe uma verdade incômoda das ciências ambientais: não há ecossistema que, sob influência humana, possa tornar-se sustentável indefinidamente se não conhecermos todas as espécies que o compõem, que geralmente chegam aos milhares ou mais. O conhecimento que vem da taxonomia e dos estudos biológicos que dele dependem são tão necessários para a ecologia quanto a anatomia e a fisiologia o são para a medicina.

Se as espécies continuarem desconhecidas, os cientistas podem avaliar mal quais seriam as prováveis espécies-chave — aquelas das quais depende a vida no ecossistema. Talvez a lontra-marinha — uma prima das doninhas, grandes como um gato, que vive desde a costa do Alasca até o sul da Califórnia — seja a espécie-chave que já demonstrou ser a mais potente do mundo. Caçadores atraídos por seu pelo, pelo qual se pagava muito bem, praticamente provocaram sua extinção no fim do século XIX — o que ocasionou uma catástrofe ecológica. A floresta de laminárias, uma densa massa de vegetação de algas ancorada no leito marinho que chega até a superfície, hábitat de vasto contingente de espécies marinhas rasas e viveiro de outras espécies de águas profundas, também praticamente desapareceu. A razão? Lontras-marinhas se alimentam sobretudo de ouriços-do-mar, e estes invertebrados espinhosos alimentam-se sobretudo de laminárias.

Quando as lontras-marinhas sumiram, a população de ouriços estourou, e grandes setores do leito oceânico foram reduzidos a superfícies quase desérticas chamadas áridos de ouriço. Quando a população de lontras-marinhas foi protegida e voltou a crescer, o número de ouriços-do-mar caiu e as florestas de laminárias ressurgiram.

Como podemos cuidar das espécies que compõem o ambiente vivo da Terra se nem conhecemos a maioria delas? Biólogos conservacionistas concordam que inúmeras espécies vão se extinguir antes mesmo de serem descobertas. Mesmo em termos puramente econômicos, os custos de oportunidade da extinção se provarão enormes. A pesquisa de um pequeno número de espécies selvagens gerou grandes avanços na qualidade da vida humana — produtos farmacêuticos abundantes, novas biotecnologias e avanços na agricultura. Se não tivessem descoberto os fungos adequados, não haveria antibióticos. Sem plantas selvagens com hastes, frutas e sementes comestíveis à disposição para a reprodução seletiva, não haveria cidades nem civilização. Nem lobos, nem cachorros. Nem aves selvagens, nem galinhas. Nem cavalos, nem camelídeos, nem viagens terrestres, a não ser por veículos movidos pelo homem, que também transportaria toda a carga. Não haveria florestas para purificar a água e despendê-la gradualmente, nem agricultura, com exceção das culturas menos produtivas em terra árida. Não haveria vegetação selvagem, nem fitoplânctons, nem ar suficiente para respirar. Sem natureza, por fim, não haveria gente.

Em poucas palavras, o impacto humano sobre a biodiversidade é um ataque a nós mesmos. É a ação de uma força irresistível e demencial, alimentada pela biomassa da própria vida que destrói. Os agentes da destruição são resumidos na sigla em inglês HIPPO, sendo que a importância relativa deles cai da esquerda para a direita, na sigla, na maioria das regiões do mundo:

A perda de hábitats (H), de longe o principal agente de destruição, é definida como a redução da área habitável devido ao desflorestamento, à conversão de pastagens e à mudança climática, grande monstro que nossos excessos produziram.

O I diz respeito às espécies invasivas, os forasteiros que causam prejuízo a humanos ou ao ambiente, ou a ambos, criando devastação global. Sua variedade e número, em cada país que os contabilizou, está crescendo exponencialmente. Apesar das quarentenas crescentes, os imigrantes brotam cada vez mais rápido. O sul da Flórida agora tem uma fauna variada de papagaios onde antes não existia nada (fora o periquito-da-carolina, hoje extinto), e duas espécies de víboras, uma da Ásia e uma da África, que competem com os crocodilos norte-americanos no topo da cadeia alimentar.

O Havaí é a capital norte-americana da extinção, pois perdeu a maior parte de suas plantas, aves e insetos endêmicos — as espécies que não se encontram em outro lugar — em margem mais larga do que qualquer outro estado. Suas espécies endêmicas de aves — das estimadas 71 originais, quando os primeiros polinésios chegaram a suas margens, há mais de mil anos, foram reduzidas a 42. Foram dois os fatores dessa dizimação: a introdução acidental de mosquitos, que difundiram a varíola aviária no século XIX; a formação de poças estáticas, ideais para as larvas do mosquito, originadas por porcos selvagens que, ao revirar o solo de florestas de planícies, misturaram a terra a esterco e lodo.

O transporte por obra humana do fungo *Batrachochytrium dendrobatidis*, um parasita dos sapos, para os trópicos americanos e para a África também é letal em escala planetária. O parasita viaja em aquários que contêm animais infectados. O fungo se espalha pela pele do anfíbio — como os sapos respiram pela pele, o fungo sufoca o hospedeiro. Inúmeras espécies foram extintas ou ameaçadas de extinção.

Como se isso não bastasse, há espécies de plantas invasoras capazes de destruir um ecossistema inteiro. A *Miconia calvescens*, uma árvore bela e pequena dos trópicos americanos, criada no mundo todo como planta ornamental por suas folhas aveludadas, é uma delas. Nas ilhas da Polinésia, ela se provou uma ameaça que, sem o devido controle, cresce a uma grande altura e em agrupamentos tão densos que expulsam as outras espécies de plantas e também a maioria das formas de vida animal.

A poluição (o primeiro P da série HIPPO), além de afetar peixes e outras formas de vida em sistemas de água doce, também é responsável pelas mais de quatrocentas "zonas mortas" anóxicas em águas marinhas que recebem água contaminada de terras agrárias rio acima.

A superpopulação (o segundo P) é, na verdade, uma força catalítica de todos os outros fatores. O prejuízo não virá tanto do crescimento populacional em si, que se espera que atinja o pico no final do século, mas sim do crescimento veloz e irreprimível no consumo per capita mundial provocado pelos avanços da economia.

Por fim, o papel da superexploração (O, de *overexploitation*) fica bem ilustrado pela porcentagem de declínio global na captura de diversas espécies de peixes pelágicos marinhos, como o atum e o peixe-espada, desde meados dos anos 1850 até o presente: 96% a 99%. Não só essas espécies andam mais escassas, como os peixes capturados são em média menores.

É claro que existe um esforço sincero e planetário de mapear e salvar a biodiversidade. Os programas Censo da Vida Marinha e Enciclopédia da Vida disponibilizaram na internet a maior parte do que sabemos sobre as espécies da Terra. Novas técnicas ajudam a descobrir novas espécies e a identificar as já nomeadas, com velocidade e precisão cada vez maiores. O código de barras de DNA — a identificação de espécies a partir da leitura de pequenas seções de DNA altamente variável — é o método mais notável. Organizações conservacionistas globais como a Conservação Internacional, o World Wildlife Fund EUA e a União Internacional para Conservação da Natureza, além de uma tropa de organizações governamentais e privadas, estão fazendo o que podem — geralmente com empenho heroico — para conter a hemorragia da biodiversidade.

Quanto essas iniciativas já conseguiram? Em 2010, formou-se uma equipe de especialistas oriundos de 155 grupos de pesquisa em todo o mundo para avaliar a situação de 25 780 espécies de vertebrados (mamíferos, aves, répteis, anfíbios e peixes), classificadas numa escala de "salvas" a "gravemente ameaçadas". Descobriu-se que um quinto de todas as espécies estava ameaçado, sendo que em média 52 por ano desciam um degrau na escala rumo à extinção. As taxas de extinção continuam sendo de cem a mil vezes maiores do que antes da expansão global da humanidade. *Estima-se que iniciativas conservacionistas feitas antes da avaliação de 2010 retardaram a deterioração a pelo menos um quinto do que poderia ter sido.* Isso é progresso real, mas está longe de estabilizar o ambiente vivo da Terra. O que pensaríamos se nos dissessem que todo o esforço da medicina (sem o devido apoio financeiro) durante uma pandemia fatal tivesse deixado cerca de 80% dos pacientes morrerem?

O restante do século será um gargalo de impacto humano crescente sobre o meio ambiente e a diminuição da biodiversidade. Carregamos a responsabilidade de levar a nós mesmos e, no máximo possível, ao resto da vida a uma existência edênica sustentável. Nossa opção será profundamente moral. Sua realização depende de um conhecimento que ainda não temos e de uma noção de decoro que ainda não sentimos. Somos os únicos entre todas as espécies que compreendemos a realidade do mundo vivo, que vemos a beleza da natureza e damos valor ao indivíduo.

Somos os únicos que mensuramos a qualidade da compaixão entre nossa espécie. Será que podemos prolongar essa mesma preocupação ao mundo vivo que nos deu a luz?

IV

ÍDOLOS DA MENTE

AS FRAGILIDADES INTELECTUAIS DA HUMANIDADE IDENTIFICADAS POR FRANCIS BACON EM UMA DAS GRANDES REALIZAÇÕES DO ILUMINISMO AGORA PODEM SER EXPLICADAS CIENTIFICAMENTE.

12. Instinto

O escritor francês Jean Bruller (de pseudônimo Vercors) estava na pista certa quando declarou, no livro *Nos confins do homem*, de 1952: "Todas as aflições do homem surgem de não sabermos o que somos e de não entrarmos em acordo quanto ao que queremos ser".

Nessa parte de nossa jornada, proponho fechar o circuito e, com o apoio da biologia geral, tentar explicar por que a existência humana é um mistério e, depois, sugerir como resolver esse mistério.

A mente humana não evoluiu com base na razão pura ou na realização emocional. Ela continua sendo um instrumento de sobrevivência que emprega tanto a razão quanto a emoção. Surgiu, como a conhecemos hoje, a partir de um labirinto de pequenos e grandes passos, numa série que é apenas uma de milhões possíveis. Cada passo foi um acidente de mutação e de seleção natural, com efeito sobre formas alternativas dos genes que prescrevem forma e função do cérebro e do sistema sensorial. Devido a um acidente nessas idas e vindas, o genoma chegou a seu nível atual.

A cada passo, o genoma em evolução podia facilmente tender para uma ou outra rota, daí a especialização do organismo a uma variedade distinta de cérebro e sistema sensorial. A cada passo, a chance de chegar ao nível humano teria caído drasticamente.

O particular aglomerado de razão e emoção a que damos o nome de natureza humana foi apenas um dentre os diversos resultados concebíveis, um produto gerado autonomamente, o primeiro dentre os muitos que poderiam ter alcançado um cérebro e um sistema sensorial no nível de capacidade humano.

Esse é o motivo pelo qual nossa autoimagem como espécie sempre foi distorcida por vieses profundos e equívocos, os "ídolos" da superstição e da impostura que Francis Bacon descreveu quatro séculos atrás. Dizia o grande filósofo que eles não nos foram impostos por acidentes culturais, mas pela "natureza geral da mente".

E assim sempre foi. A balbúrdia sempre abundou. Por exemplo: ainda nos anos 1970, a orientação dos cientistas sociais era sobretudo para as humanidades. A perspectiva que prevalecia era de que o comportamento humano é primariamente ou mesmo totalmente cultural, e não de origem biológica. Não existe, afirmavam os extremistas, essa coisa chamada instinto ou natureza humana. Ao final do século XX, o foco se voltou para a biologia. Hoje, acredita-se amplamente que o comportamento humano possui forte componente genético. O instinto e a natureza humana são reais, embora ainda se discuta quão profundos e contundentes eles são.

Ambas as perspectivas, como se vê, estão meio erradas e meio certas, pelo menos nos extremos. O paradoxo que se criou, comumente descrito como controvérsia inato-versus-aprendido, pode ser resolvido ao se aplicar o conceito moderno de instinto humano.

O instinto dos humanos é basicamente o mesmo dos animais. Contudo, não é o comportamento fixado geneticamente, e invariante, que a maioria das espécies animais demonstra. Um exemplo clássico de comportamento animal instintivo se vê na defesa territorial dos machos do esgana-gato, peixe encontrado nas águas doces e marinhas de todo o hemisfério Norte. Durante a temporada de acasalamento, cada macho demarca uma pequena área, que ele defende de outros machos. Ao mesmo tempo, seu ventre fica vermelho-claro. Ele ataca outro peixe com barriga vermelha, ou seja, um esgana-gato macho rival, que adentra seu território. Na verdade, a reação é ainda mais simples do que a que implica "outro peixe". O macho não precisa reconhecer toda a imagem de um peixe real para ficar a postos. Seu cérebro relativamente pequeno está programado para reagir apenas ao ventre vermelho. Quando pesquisadores recortaram pedaços de madeira em forma quase circular e outros que não lembravam peixes, mas com uma mancha vermelha pintada, os moldes foram atacados com o mesmo vigor.

Certa vez, observei lagartos anólis de diferentes ilhas das Índias Ocidentais no laboratório, pois queria estudar sua exibição territorial. Os répteis, do tamanho de um dedão, são abundantes em árvores e arbustos, onde encontram suas presas — insetos, aranhas e outros pequenos invertebrados. Um macho adulto ameaça os rivais baixando a barbela, que é uma prega de pele sob o pescoço. Cada espécie tem a barbela de uma cor, em geral um tom de vermelho, amarelo ou branco; machos da mesma espécie reagem apenas à cor de seus pares. Descobri que eu precisava apenas de um macho, não dois, para conseguir uma exibição de territorialidade. Bastava colocar um espelho contra a lateral do terrário. O macho residente então se exibia para sua imagem (disputa que resultava sempre em empate).

Tartarugas marinhas bebês eclodem de ovos que suas mães, que só saíram do mar com esse propósito, enterraram na areia da praia. Cada uma das recém-nascidas escava e imediatamente arrasta-se para o mar, onde vai passar o resto da vida. O que atrai o animalzinho recém-nascido, contudo, não são as visões e odores que emanam da beira d'água. A atração na verdade é a luz mais clara que a superfície da água reflete. Quando pesquisadores ligaram uma luz ainda mais forte perto dela, a tartaruga bebê a seguiu mesmo quando essa luz a fazia ir na direção contrária do mar.

Humanos e outros mamíferos com cérebro de grande porte também são guiados por estímulos-chave e instintos herdados, que não chegam a ser tão rígidos ou simples como nos animais inferiores. Em vez disso, as pessoas são regidas particularmente por aquilo que os psicólogos chamam de aprendizagem preparada. O que herdamos é a probabilidade de aprender um ou alguns comportamentos alternativos dentre vários possíveis. Os comportamentos predispostos mais potentes são compartilhados por todas as culturas, até quando parecem irracionais e existem diversas oportunidades de fazer outras opções.

Sou levemente aracnófobo. Por mais que eu tente, sou incapaz de tocar uma aranha grande pendurada em sua teia, mesmo sabendo que ela não iria me morder e, ainda que mordesse, que a mordida não seria venenosa. Alimento esse temor sem qualquer fundamento desde que, aos oito anos, me assustei com o remexer repentino de uma grande aranha de jardim do gênero de tecelãs *Araneus*. Eu estava inspecionando o monstro (pelo menos me parecia) de perto, suspenso em sua quietude sinistra no centro da teia, e fiquei sobressaltado por sua reação repentina. Hoje sei o nome científico do monstro e muito de sua biologia — nada mais que minha obrigação, uma vez que durante anos fui curador de entomologia do Museu de Zoologia Comparada da Harvard University. Mas ainda sou incapaz de tocar em aranhas grandes penduradas em teias.

Esse tipo de repulsa às vezes se aprofunda até virar uma completa fobia, caracterizada por pânico, náusea e até mesmo incapacidade de pensar racionalmente sobre o objeto do medo. Já que acabo de confessar uma aversão moderada, injustificada, admito a única fobia real que possuo. Não suporto, nem sou capaz de tolerar, qualquer condição imaginável em que prendam meus braços à força e cubram meu rosto. Lembro com exatidão do momento em que essa reação teve início. Aos oito anos, o ano da aranha, passei por uma cirurgia ocular horripilante. Fui anestesiado à moda do século XIX — deitado de barriga para cima sobre uma mesa de cirurgia e, sem qualquer explicação (pelo menos não lembro de nenhuma), meus braços foram amarrados e meu rosto coberto por um pano sobre o qual pingaram éter. Eu me debatia e gritava. Alguma coisa nas profundezas do meu ser deve ter dito: "Nunca mais!". Até hoje tenho uma fantasia que "põe à prova" a fobia. Um ladrão imaginário me aponta um revólver e diz que vai me amarrar os braços e me encapuzar. Minha reação nessa situação hipotética, que acredito seria a mesma no mundo real, é dizer: "Não, não vai. Pode atirar". Prefiro morrer a ser amarrado e encapuzado.

Para acabar com uma fobia é preciso tempo e terapia — muito tempo e muita terapia. Para adquiri-las basta uma única experiência, como eu e tantos outros descobrimos pessoalmente. Um segundo exemplo: o aparecimento repentino de algo que se retorce no chão já é suficiente para que muitos adquiram fobia de cobras.

Como é possível semelhante reação exagerada no aprendizado representar alguma vantagem? A pista está nos objetos das próprias fobias, que consistem sobretudo em aranhas, cobras, lobos, água corrente, lugares apertados e multidões de estranhos. Eram esses alguns dos antigos perigos que enfrentavam os ancestrais dos humanos e os primeiros caçadores-coletores humanos de milhões de anos atrás. Nossos longínquos ancestrais frequentemente encaravam feridas ou mesmo a morte enquanto buscavam alimento à beira de um precipício, ou quando por descuido pisavam numa aranha venenosa ou topavam com um bando hostil da tribo inimiga. Era mais prudente aprender rapidinho, lembrar vividamente do fato e atuar com decisão, sem recorrer ao pensamento racional.

Por outro lado, automóveis, facas, armas e uma dieta com muito sal e açúcar estão hoje entre as principais causas de mortalidade. Mesmo assim, não surgiu nenhuma propensão congênita para evitá-las, provavelmente devido à falta de tempo da evolução em programar essa aversão em nossos cérebros.

Fobias são um extremo, mas todo comportamento adquirido por aprendizagem preparada, ao proporcionar a nossos antepassados uma capacidade de adaptação, faz parte do instinto humano. Mesmo assim, a maioria ainda se transmite pela cultura de uma geração à outra. Todo comportamento social humano é baseado na aprendizagem preparada, mas a intensidade da predisposição varia conforme o caso, já que resulta da evolução por seleção natural. Os seres humanos, por exemplo, nascem fofoqueiros. Adoramos as histórias de vida dos outros, e para nós os pequenos detalhes nunca são excessivos. Pelo mexerico aprendemos e moldamos nossa rede social. Devoramos romances e teatro. Mas temos mínimo ou nenhum interesse pelas histórias de vida de animais — a não ser que estejam conectadas de alguma forma a histórias humanas. Cachorros amam os outros e anseiam voltar para casa, corujas ponderam, serpentes são furtivas e águias se empolgam com a liberdade do céu aberto.

Seres humanos foram feitos para a música. A excitação e o arrebatamento musical são captados quase de imediato por criancinhas. Contudo, a excitação (e raramente o arrebatamento) pela matemática analítica surge muito mais lentamente e bem depois, se é que surge. A música serviu aos primórdios da humanidade como forma de integrar sociedades e elevar a emoção das pessoas, mas a matemática analítica nunca conseguiu o mesmo. Os primeiros humanos tinham a capacidade mental para elaborar a matemática analítica, mas não para amá-la. Apenas a evolução por seleção natural pode criar a necessidade de um amor instintivo de base.

A força motriz da seleção natural direcionou a convergência da evolução cultural entre sociedades de todo o mundo. Uma síntese clássica de culturas feita a partir dos Arquivos da Área de Relações Humanas, em 1945, listou 67 elementos universais, incluindo os seguintes (aqui selecionados a esmo): esportes atléticos, adornos corporais, arte decorativa, etiqueta, festas de família, folclore, ritos fúnebres, penteados, tabus do incesto, regras de herança, jogos e a devoção a seres sobrenaturais.

Aquilo que chamamos natureza humana é a soma de nossas emoções e a prontidão em aprender o que controla essas emoções. Alguns autores já tentaram desconstruir a natureza humana e afirmar que ela não existe. Mas ela é real, tangível, e um processo que existe nas estruturas do cérebro. Décadas de pesquisa descobriram que ela não se define pelos genes que prescrevem as emoções e a prontidão para aprender. Nem pelos universais culturais, que são seu produto final. A natureza humana é o conjunto de regularidades hereditárias no desenvolvimento mental que a evolução cultural predispõe com um sentido em vez de outros, e assim conecta genes à cultura no cérebro de toda pessoa.

Entre os vieses hereditários mais relevantes no aprendizado está a escolha do nosso hábitat preferencial. Adultos são atraídos pelos ambientes onde cresceram e foram moldados por suas experiências de formação. Para eles, montanhas, beira-mares, planícies e mesmo desertos fornecem, a seu modo, os hábitats que lhes dão maior sensação de familiaridade e conforto. Eu mesmo, tendo sido criado perto do golfo do México, prefiro uma planície plana e baixa que desce até o mar.

Contudo, numa escala menor dentro desse panorama, e para crianças não totalmente aculturadas, experimentos laboratoriais dão outra explicação. Voluntários de vários países com culturas muito distintas foram convidados a avaliar fotografias de uma ampla gama de hábitats onde gostariam de viver. As escolhas variaram de florestas densas a desertos, passando por outros ecossistemas. A opção preferida apresentava três fatores: o lugar ficava no alto, de modo a permitir que se olhe para baixo; tinha uma área verde com árvores e mato; era próximo a um corpo aquífero — córrego, riacho, lago ou oceano.

Esse arquétipo por acaso lembra as savanas da África, onde nossos pré-humanos e primeiros ancestrais evoluíram há milhões de anos. Será que a preferência pelo hábitat ainda é um resíduo da aprendizagem preparada? A "hipótese savana africana", como se diz, de maneira alguma é uma suposição que surgiu do nada. Todas as espécies animais com mobilidade, desde os mais minúsculos insetos até os elefantes e leões, escolhem instintivamente os hábitats aos quais sua biologia pode se adaptar melhor. Se não fosse assim, eles seriam menos propensos a encontrar um parceiro e a comida para sobreviver, ou ainda a evitar parasitas e predadores desconhecidos.

Atualmente, as populações rurais do mundo todo estão se deslocando para as cidades. Com alguma sorte, a vida delas se beneficiará de maior acesso a mercados, escolas e centros médicos. As pessoas também terão maior oportunidade de sustentar a si e a suas famílias. Mas se pudessem escolher livremente, em igualdade de condições, será que elas iriam preferir cidades e subúrbios como hábitats? Devido à intensa dinâmica da ecologia urbana e do meio ambiente manufatureiro com o qual somos obrigados a lidar, é impossível saber. Portanto, para investigar o que as pessoas preferem e de fato adquirem quando lhes é dada uma opção totalmente livre, é melhor voltar-se àquelas com um bom dinheiro.

Como constatam paisagistas e corretores de imóveis de luxo, os ricos preferem habitações em elevações que dão para uma terra gramada próxima a um corpo aquífero. Nenhuma dessas qualidades possui valor prático, mas pessoas com recursos para tanto pagarão o que for para tê-las.

Há alguns anos, jantei na casa de um amigo famoso e endinheirado, que por acaso estava plenamente convencido de que o cérebro é tabula rasa, livre de qualquer instinto. Ele morava numa cobertura que dava para o Central Park de Nova York. Ao sairmos para o terraço, notei uma jardineira forrada de arvorezinhas em vasos. Ficamos olhando do alto para o gramado distante do parque e um de seus dois lagos artificiais. Concordamos que a vista era linda. Como eu era convidado, me contive em fazer-lhe a questão crucial: "Por que a vista é linda?".

13. Religião

O arrebatamento, uma "glória doce e demasiada", como descreveu a grande mística espanhola santa Teresa d'Ávila em seu diário de 1563-5, pode ser alcançado pela música, pela religião — e pelas drogas alucinógenas, como a ayahuasca, que potencializa experiências religiosas. Neurobiólogos associaram pelo menos algumas das experiências máximas da música a no mínimo uma causa, que é a liberação da dopamina (um neurotransmissor) dentro do corpo estriado do cérebro. O mesmo sistema de recompensa também intervém no prazer provocado por comida e sexo. Como a música teve início no período paleolítico — flautas feitas com ossos de pássaro e marfim datam de mais de 30 mil anos —, e como ela ainda é universal em sociedades de caçadores-coletores de todo o mundo, é razoável concluir que a evolução enraizou no cérebro humano a devoção carinhosa que temos por ela.

Em quase todas as sociedades, de caçadores-coletores a civilizados urbanos, existe uma relação íntima entre música e religião. Haveria genes para a religiosidade que prescrevem uma mediação neural e bioquímica similar à da música? Sim, de acordo com as evidências de uma disciplina relativamente recente, que é a neurociência da religião. Os métodos de pesquisa incluem estudos de gêmeos — pesquisas que avaliam o papel da variação genética —, assim como estudos de drogas alucinógenas que emulam experiências religiosas. Também utilizam dados relativos ao impacto que lesões cerebrais e outros transtornos têm sobre a religiosidade, e, não menos importante, a neuroimagiologia acompanha a trajetória direta das ocorrências neurais. Até o momento, os resultados da neurociência da religião insinuam veementemente que existe de fato um instinto religioso.

Claro que há na religião muito mais do que raízes biológicas. Seu histórico é tão ou quase tão antigo quanto a própria humanidade. A tentativa de resolver seus mistérios está no cerne da filosofia. A forma mais pura e geral de religião é expressada pela teologia, cujas questões centrais são a existência de Deus e a relação pessoal de Deus com a humanidade. Pessoas profundamente religiosas querem encontrar uma forma de se aproximar dessa divindade e tocá-La — quando não Sua carne e osso literais transubstanciados à maneira católica, pelo menos para pedir-Lhe orientação e benevolência em causa própria. Muitos também têm esperança de uma vida após a morte, para adentrar um mundo astral onde se unirão em regozijo aos que já se foram. A espiritualidade teológica, em resumo, procura a ponte entre o real e o sobrenatural. Ela sonha com os domínios de Deus, onde as almas dos falecidos terrenos vivem juntas na paz eterna.

O cérebro humano foi feito para a religião e a religião foi feita para o cérebro humano. A cada segundo da vida consciente do devoto, a crença religiosa desempenha múltiplos papéis, em geral estimulantes. Todos os crentes são reunidos em uma vasta e ampla família, um bando metafórico de irmãos e irmãs, confiáveis, tementes a uma lei suprema, e aos quais se garante a imortalidade como vantagem da afiliação.

A divindade é superior a qualquer profeta, alto sacerdote, imã, santo místico, líder de culto, presidente, imperador, ditador, o que for. Ele é o macho alfa final e eterno, ou é Ela, a fêmea alfa. Por ser sobrenatural e infinitamente poderosa, ela pode realizar milagres além do alcance da compreensão humana. Ao longo da pré-história e de boa parte da história, as pessoas precisaram da religião para explicar a maioria dos fenômenos a seu redor. A chuva torrencial e as enchentes, um raio que cruza o céu, a morte repentina de uma criança. Foi obra de Deus. Ele, ou Ela, foi a causa na causa e efeito que a sanidade exige. E os caminhos de Deus, por mais carregados de sentido para nossa vida, são um mistério. Com o aprimoramento da ciência, cada vez mais fenômenos naturais passaram a ser entendidos como efeitos conectados a outros fenômenos analisáveis, e as explicações sobrenaturais sobre causa e efeito foram recuando. Mas a atração profunda, instintiva da religião — e de ideologias semirreligiosas — foi mantida.

As grandes religiões são inspiradas na crença em uma divindade incorruptível — ou diversas divindades, que também podem constituir uma família todo-poderosa. Os serviços que oferecem à civilização não têm preço. Seus sacerdotes emprestam solenidade aos ritos de passagem no ciclo da vida e da morte. Eles sacralizam as doutrinas básicas da lei civil e moral, consolam os aflitos e cuidam dos miseráveis. Inspirados por seu exemplo, os seguidores se esforçam para serem probos aos olhos do homem e de Deus. As igrejas são centros de vida comunitária. Quando nada mais dá certo, esses lugares sagrados, onde Deus reside imanente na Terra, passam a ser o refúgio definitivo contra as iniquidades e tragédias da vida secular. As igrejas e seus representantes tornam mais palatáveis tiranias, guerras, fomes e catástrofes naturais.

As grandes religiões também são, lamentavelmente, fonte de sofrimento incessante e desnecessário. São entraves à necessária compreensão da realidade para resolver a maioria dos problemas sociais no mundo real. Sua grande falha, primorosamente humana, é o tribalismo. A força instintiva do tribalismo na gênese da religiosidade é muito mais forte que o anseio pela espiritualidade. As pessoas precisam muito de afiliação a um grupo, seja ele religioso ou secular. A partir de uma vida inteira de experiência emocional, elas sabem que a felicidade e a própria sobrevivência exigem que se unam a outras que compartilhem de alguma dose de parentesco genético, língua, crenças morais, localização geográfica, propósito social e código de vestimenta — de preferência tudo isso, mas pelo menos dois ou três para a maioria das funções. É o tribalismo, não os ditames morais e o ideal humanitário da religião pura, que leva as pessoas boas a fazer coisas ruins.

Infelizmente, um grupo religioso se define acima de tudo por seu mito da criação, a narrativa sobrenatural que explica como os humanos ganharam a existência. E esse mito também é o cerne do tribalismo. Não importa quão branda e nobre, ou quão sutil seja sua explicação, a crença central garante a seus membros que Deus os favorece acima de todos os outros. Ela ensina que integrantes de outras religiões veneram os deuses errados, utilizam rituais errados, seguem profetas falsos e acreditam em mitos da criação fantasiosos. Não há como superar a discriminação cruel, mas que faz bem à alma, que as religiões organizadas devem, por definição, praticar entre os seus. Duvido que já tenha havido um imã que tenha sugerido a seus seguidores provar do catolicismo ou um padre que tenha recomendado o inverso.

A fé é a aceitação de determinado mito da criação e dos relatos de milagres que ele concede. Biologicamente, compreende-a a fé como um dispositivo darwiniano para a sobrevivência e a reprodução aumentada. Ela é forjada pelo sucesso da tribo, que é unida por ela quando compete com outras tribos, e pode ser a chave do sucesso dentro da tribo para os mais eficientes em manipular a fé para conquistar apoio interno. Os intermináveis conflitos que geraram essa potente prática social foram muito difundidos ao longo do período paleolítico e prosseguem sem perder força até os tempos atuais. Em sociedades mais seculares, a fé tende a transmutar-se em ideologias políticas semirreligiosas. Às vezes, as duas grandes categorias de crença são combinadas. Assim, "Deus favorece meus princípios políticos em relação aos seus, e meus princípios, não os seus, favorecem Deus".

A fé religiosa oferece enorme benefício psicológico aos crentes. Ela lhes dá uma explicação para a existência. Faz com que eles se sintam amados e protegidos, mais que os membros de outro grupo tribal. O preço que os deuses e seus sacerdotes impõem a sociedades mais primitivas é a crença incondicional e a submissão. Ao longo do tempo evolutivo, o trato da alma humana foi o único laço capaz de unir a tribo tanto na paz quanto na guerra. A fé investiu seus seguidores de uma identidade orgulhosa, de regras legitimizadas de conduta e explicou o ciclo misterioso da vida e da morte.

Durante muito tempo, nenhuma tribo podia sobreviver se o sentido de sua existência não fosse definido por um mito da criação. O preço da perda da fé foi uma hemorragia do compromisso, o enfraquecimento e a dissipação do propósito comum. No início da história de cada tribo — final da era do ferro para a tradução judaico-cristão, e século VII d.C. para o islã —, o mito precisava estar talhado na pedra para funcionar. Uma vez talhado, nenhuma parte dele poderia ser descartada. Ninguém da tribo poderia ter alguma dúvida. A única solução para um dogma obsoleto era deixá-lo de lado, com delicadeza, e oportunamente esquecê-lo. Ou, em casos extremos, romper, apresentando um dogma novo, concorrente.

É óbvio que dois mitos da criação não podem, ambos, ser verdadeiros. Todos os inventados por muitas das milhares de religiões e seitas conhecidas certamente são falsos. Muitos cidadãos com instrução perceberam que suas crenças são falsas, ou pelo menos questionáveis em alguns detalhes. Mas eles entendem a regra, atribuída ao filósofo estoico romano Sêneca, o Jovem, de que a religião é, para os ingênuos, verdade; para os sábios, mentira, e para os governantes, uma mão na roda.

Cientistas, por natureza, tendem a ser cautelosos ao falar sobre religião, inclusive quando expressam ceticismo. Diz-se que o renomado fisiologista Anton (Ajax) J. Carlson, quando lhe perguntaram sua opinião sobre o pronunciamento ex cathedra (ou seja, infalível) de Pio XII, em 1950, de que a Virgem Maria havia ascendido ao céu, respondeu que não podia saber porque não estava lá, mas que tinha certeza de uma coisa: que ao chegar a 9 mil metros de altura ela certamente desmaiou.

Seria melhor deixar de lado esse assunto tão blasfematório? Não negar, mas apenas esquecê-lo? Afinal, grande parte dos povos está meio que se resolvendo entre si, em maior ou menor grau. Contudo, negligenciar a questão é perigoso, tanto a curto quanto a longo prazo. As guerras nacionais podem ter se rarefeito, decerto por medo dos resultados potencialmente catastróficos para ambos os lados. Mas insurgências, guerras civis e terrorismo, não. A principal força motriz dos homicídios em massa cometidos por essas expressões de violência é o tribalismo, e a razão central do tribalismo mortífero é a religião sectária — particularmente o conflito entre fiéis que não compartilham dos mesmos mitos. No momento em que escrevo, o mundo civilizado estremece diante das cruentas lutas entre xiitas e sunitas, do assassinato de muçulmanos Ahmadiyya em cidades do Paquistão por parte de outros muçulmanos, e do massacre de muçulmanos por "extremistas" liderados por budistas em Myanmar. Até a restrição que judeus ultraortodoxos impuseram às mulheres liberais judias, dificultando o acesso ao Muro das Lamentações, é um sintoma inicial e preocupante da mesma patologia social.

Guerreiros religiosos não são um ponto fora da curva. É um erro classificar crentes de determinadas religiões e ideologias dogmáticas semirreligiosas em dois grupos, moderados e extremistas. A verdadeira causa do ódio e da violência é a fé contra a fé, uma expressão externa do antigo instinto de tribalismo. Só a fé leva pessoas boas a fazer coisas ruins. Não há lugar em que pessoas tolerem ataques a sua pessoa, sua família, seu país — ou seu mito da criação. Nos Estados Unidos, por exemplo, em quase todos espaços é possível debater abertamente visões distintas a respeito da espiritualidade religiosa — incluindo a natureza e até a existência de Deus —, desde que se esteja no contexto da teologia e da filosofia. Mas é proibido questionar especificamente, se é que se pode questionar, o mito da criação — a fé — de outra pessoa ou grupo, não importa quão absurdo ele seja. Afrontar qualquer aspecto no mito da criação sagrado para outra pessoa é "intolerância religiosa". É considerado uma ameaça ao outro.

Outra forma de expressar a história da religião é dizer que a fé se apoderou da espiritualidade religiosa. Os profetas e líderes de religiões organizadas puseram, conscientemente ou não, a espiritualidade a serviço de grupos definidos por seus mitos da criação. Cerimônias atemorizadoras e ritos e rituais sagrados são oferecidos à divindade em troca de segurança terrena e da promessa de imortalidade. Para cumprir sua parte do trato, a divindade deve tomar decisões morais corretas. Na fé cristã, entre muitas das tribos confessionais, Deus é obrigado a ser contra um ou mais dos seguintes temas: homossexualidade, contracepção artificial, bispas e evolução.

Os Pais Fundadores dos Estados Unidos entendiam muito bem os riscos dos conflitos religiosos tribais. George Washington observou: "De todas as animosidades que existem entre os homens, as que são causadas pelo conflito de sensibilidades religiosas parecem as mais inveteradas e aflitivas e as que mais devem ser censuradas". James Madison concordava, observando as "torrentes de sangue" que resultam da competição religiosa. John Adams insistiu que "o governo dos Estados Unidos não tem fundamento, em sentido algum, na religião cristã". Os Estados Unidos derraparam um pouquinho desde então. Tornou-se quase obrigatório que lideranças políticas garantissem ao eleitorado ter uma fé, mesmo que, como no mormonismo de Mitt Romney, ela pareça ridícula para a grande maioria. Presidentes costumam ouvir a orientação de conselheiros cristãos. A frase "sob Deus" foi emendada ao Juramento à Pátria em 1954, e hoje não há candidato político de importância que ousaria sugerir sua remoção.

A maioria dos autores que escrevem seriamente sobre religião fundem a busca transcendente por sentido e a defesa tribal dos mitos da criação. Eles aceitam, ou temem negar, a existência de uma divindade pessoal. Veem nos mitos da criação o esforço da humanidade em se comunicar com a divindade, como parte da busca por uma vida proba agora e depois da morte. Entre todos esses intelectuais conciliadores encontram-se teólogos liberais da escola Niebuhr, filósofos que discutem ambiguidades eruditas, literatos admiradores de C. S. Lewis e outros que são persuadidos, após pensar profundamente, que deve haver Algo Mais Lá Fora. Eles tendem a relevar a pré-história e a evolução biológica do instinto humano, as quais imploram para lançar luz sobre esse tema tão importante.

Os conciliadores encaram um problema insolúvel, que o grande filósofo dinamarquês Søren Kierkegaard do século XIX, uma alma perturbada, chamou de Paradoxo Absoluto. Dogmas que são forçados aos crentes, ele disse, não são apenas impossíveis, mas incompreensíveis — portanto, são absurdos. Kierkegaard aludia particularmente ao cerne do mito de criação cristã. "O Absurdo é que a verdade eterna tenha passado a existir, que Deus tenha passado a existir, tenha nascido, crescido e assim por diante, e tenha se tornado uma pessoa, impossível de ser distinguida de outra." Era incompreensível, mesmo que se declarasse verdade, prosseguiu Kierkegaard, que Deus em forma de Cristo houvesse adentrado o mundo físico para sofrer, deixando que os mártires sofressem de verdade.

Em toda religião, o Paradoxo Absoluto ataca todo aquele que busca uma resolução honesta entre o corpo e a alma. É a incapacidade de conceber uma divindade onisciente que tenha criado 100 bilhões de galáxias, mas cujas emoções semi-humanas incluem sensações de prazer, amor, generosidade, índole vingativa e uma consistente e enigmática ausência de preocupação quanto aos horrores que os habitantes da Terra toleram sob o domínio da divindade. Explicar que "Deus está testando nossa fé" e "Deus escreve certo por linhas tortas" não cola.

Certa ocasião, Carl Jung disse que há problemas que não se resolvem, apenas se superam. Assim deve-se fazer com o Paradoxo Absoluto. Não há solução porque não há o que resolver. O problema não está na natureza nem na existência de Deus, mas nas origens biológicas da existência humana e na natureza da mente humana, e o que fez de nós o ápice evolutivo da biosfera. A melhor maneira de viver no mundo real é libertando-nos dos demônios e dos deuses tribais.

14. Livre-arbítrio

Os neurocientistas que investigam o cérebro humano raramente mencionam o livre-arbítrio. A maioria o considera um assunto que, pelo menos por enquanto, deve ser da alçada dos filósofos. Como se dissessem: "Trataremos disso quando estivermos com mais disposição e tempo". Enquanto isso, seus olhares se fixam no cálice científico mais evidente e mais realista: a base física da consciência, da qual o livre-arbítrio faz parte. Não há jornada científica mais importante para a humanidade do que dominar o fantasma do pensamento consciente. Todos, cientistas, filósofos ou crentes, podem estar de acordo com o neurobiólogo Gerald Edelman, que disse: "A consciência é o avalista de tudo que temos de humano e precioso. Sua perda permanente equivale à morte, mesmo que o corpo persista com sinais vitais".

A base física da consciência não será um fenômeno de compreensão simples. O cérebro humano é o sistema mais complexo que se conhece no universo, seja orgânico ou inorgânico. Cada uma dos bilhões de células nervosas (neurônios) que compõem a parte funcional forma sinapses e se comunica com outras 10 mil, em média. Cada uma lança mensagens em seu trajeto de axônios, utilizando um código digital individual de padrões de disparo da membrana. O cérebro se organiza em regiões, núcleos e bases de operação que dividem funções entre si. As partes reagem de maneiras distintas a hormônios e estímulos sensoriais que se originam fora do cérebro, enquanto neurônios sensoriais e motores por todo o corpo se comunicam tão intimamente com o cérebro que virtualmente fazem parte dele.

Metade dos 20 mil a 25 mil genes de todo o código genético humano participa de uma forma ou de outra da composição do sistema cérebro-mente. Essa porcentagem alta se deve a uma das transformações evolutivas mais velozes já ocorridas no avançado sistema de órgãos da biosfera. Ela exigiu que o cérebro crescesse mais de duas vezes ao longo de 3 milhões de anos, de seiscentos centímetros cúbicos ou menos no ancestral pré-humano australopiteco, a 680 centímetros cúbicos no *Homo habilis*, para chegar a cerca de 1400 centímetros cúbicos no *Homo sapiens* moderno.

Por 2 mil anos os filósofos deram duro para explicar a consciência. Bem, essa é a função deles. Desconhecendo a biologia, contudo, é compreensível que não tenham chegado a lugar nenhum. Não acredito que serei grosseiro se disser que a história da filosofia, resumida, consiste sobretudo em modelos falhos do cérebro. Alguns dos neurofilósofos modernos, como Patricia Churchland e Daniel Dennett, empreendem um notável esforço ao interpretar as descobertas da neurociência assim que elas se apresentam. Eles nos ajudaram a entender, por exemplo, a natureza secundária da moralidade e do pensamento racional. Outros, sobretudo os de tendência pós-estruturalista, são mais retrógrados. Duvidam que o programa "reducionista" ou "objetivista" dos pesquisadores do cérebro algum dia terá sucesso em explicar o cerne da consciência. Mesmo que tenha base material, a subjetividade, sob esse ponto de vista, está além do alcance da ciência. Para fundamentar seu argumento, os "misterianistas" (como às vezes são chamados) evocam os qualia, que seriam as sensações sutis, quase inexpressáveis, que experimentamos através da absorção sensorial. Por exemplo, conhecemos o "vermelho" pela física, mas quais as sensações mais profundas da "vermelhidão"? Então, o que os cientistas podem nos dizer, em larga escala, sobre o livre-arbítrio, ou sobre a alma, que ao menos para os pensadores religiosos é o máximo da inefabilidade?

O procedimento dos filósofos mais céticos é verticalista e introspectivo — pensar sobre como pensamos, para depois aduzir explicações ou encontrar razões que demonstrem por que não há explicação. Eles descrevem os fenômenos e fornecem exemplos que dão o que pensar. Concluem que existe algo fundamentalmente distinto da realidade ordinária na mente consciente. Seja lá o que for, é melhor que fique com os filósofos e poetas.

Os neurocientistas, que não abrem mão do processo debaixo-para-cima ao invés do de cima-para-baixo, não aceitam esse argumento. Eles não têm ilusões quanto à dificuldade da tarefa, compreendem que montanhas não vêm com escadas rolantes para os sonhadores. Concordam com Darwin: a mente é uma cidadela que não pode ser tomada pelo ataque frontal. Dispuseram-se, sim, a arrombar seus recessos privados com múltiplas sondagens em torno das muralhas, abrindo brechas aqui e acolá, para então, por meio da força e da engenhosidade técnica, adentrar e explorar o espaço de manobra que houver.

É preciso ter fé nos neurocientistas. Quem vai saber onde se esconde o livre-arbítrio e a consciência — presumindo que existam como processos e entidades íntegras? Será que emergirão com o tempo, metamorfoseando-se a partir de dados, qual a lagarta que se torna borboleta, uma imagem que nos satisfaz como os homens de Keats em torno de Balboa, "olhando-se numa estranha premonição"? Enquanto isso, a neurociência ficou rica, sobretudo devido a sua relevância para a medicina. Seus projetos de pesquisa arregimentaram entre centenas de milhões a bilhões a cada ano. (No linguajar dos cientistas, é o que chamam "Big Science".) O mesmo surto ocorreu, com sucesso, na pesquisa do câncer, dos ônibus espaciais e da física de partículas experimental.

No momento em que escrevo, neurocientistas já iniciaram o ataque frontal que Darwin considerava impossível. Trata-se do projeto Mapa da Atividade Cerebral (BAM, Brain Activity Map), concebido por instituições governamentais-chave nos Estados Unidos, incluindo os Institutos Nacionais de Saúde e a Fundação Nacional da Ciência, em colaboração com o Instituto Allen pela Neurociência, e apoiado como programa federal pelo presidente Obama. Caso obtenha o devido financiamento, o programa será equivalente, em magnitude, ao Projeto Genoma Humano, o grande salto da biologia finalizado em 2003. Sua meta é nada menos que uma mapa da atividade de cada neurônio em tempo real. Boa parte da tecnologia terá que ser desenvolvida durante o percurso.

A meta básica do BAM consiste em conectar a uma base física todos os processos de pensamento — o racional e o emocional, o consciente, o pré-consciente e o inconsciente, obtidos tanto quando imóveis quanto no decorrer do tempo. Não será fácil. Morder um limão, cair na cama, lembrar-se de um amigo que partiu, assistir ao sol sumir no mar. Cada um desses episódios abrange atividade neuronal massiva tão elaborada, e tão pouco investigada, que não temos como concebê-la, quanto mais anotá-la como repertório de células que fazem disparos.

Entre os cientistas, vigora o ceticismo em torno do BAM. Mas isso não é novidade. Assistimos à mesma resistência ao Projeto Genoma Humano e em boa parte da exploração espacial realizada pela Nasa. Um incentivo extra para seguir adiante é a aplicação prática que o mapeamento terá na medicina — em especial, os fundamentos celulares e moleculares das doenças mentais e a descoberta de mutações perniciosas mesmo antes que os sintomas se apresentem.

Supondo que o BAM ou outros empreendimentos similares tenham sucesso, como eles irão resolver o enigma do livre-arbítrio e da consciência? Penso que a solução aparecerá relativamente rápido no programa de mapeamento funcional, não será um fecho de ouro a coroar o fim do projeto — e considerando que a neurobiologia continue sendo favorecida como Big Science. Prova disso é a enorme quantidade de informações já alcançada nos estudos do cérebro, sobretudo quando combinadas aos princípios da biologia evolutiva.

Há diversos motivos para ser otimista na busca para uma solução rápida. O primeiro é a emergência gradual da consciência ao longo da evolução. O nível humano, extraordinariamente alto, não foi alcançado de imediato, como uma luz se acende com o interruptor. O crescimento gradual, mas veloz, do tamanho do cérebro, dos pré-humanos habilinos ao *Homo sapiens*, insinua que a consciência evoluiu passo a passo, de maneira similar a outros sistemas biológicos complexos — a célula eucariótica, por exemplo, ou o olho animal, ou a vida dos insetos em colônias.

Deverá ser possível, pois, acompanhar os passos até a consciência humana por meio de estudos de espécies animais que alcançaram parcialmente o nível humano. O rato tem sido um modelo proeminente nas primeiras pesquisas de mapeamento cerebral e continuará sendo uma referência producente. Essa espécie tem vantagens técnicas consideráveis, incluindo a facilidade de criação em laboratório (para um mamífero) e uma base de sustentação forte em pesquisas prévias de sua genética e neurociência. Podemos nos acercar mais da sequência, contudo, se examinarmos os parentes filogenéticos mais próximos da humanidade entre os primatas do Velho Mundo: de lêmures e galagonídeos, na ponta mais primitiva, a macacos rhesus e chimpanzés, na outra ponta. A comparação revelaria quais circuitos neurais e atividades foram obtidos por espécies não humanas, quando e em que sequência. Os dados obtidos talvez detectem, mesmo num estágio inicial de pesquisa, os traços neurobiológicos que são singularmente humanos.

A segunda via de acesso ao reino da consciência e do livre-arbítrio é a identificação de fenômenos emergentes — entidades e processos que surgem apenas com a união de entidades e processos preexistentes. Nós os encontraremos, como indicam os resultados das pesquisas atuais, na conexão e na atividade sincronizada de diversas partes tanto do sistema sensorial quanto do cérebro.

Enquanto isso, pode nos ser útil pensar o sistema nervoso como um superorganismo soberbamente bem organizado que se constrói a partir da divisão de trabalho e especialização na sociedade de células — em torno das quais o corpo desempenha um papel sobretudo de apoio. Encontra-se um análogo, se assim se pode dizer, na formiga-rainha ou no cupim-rainha e sua multidão de operárias de apoio. Cada operária, por si só, é relativamente estúpida. Ela obedece um programa de instinto cego, inculto, cuja expressão está sujeita a uma pequena dose de flexibilidade. O programa leva a operária a se especializar em uma ou duas tarefas por vez, e a passar de uma etapa a outra numa determinada sequência — em geral de enfermeira a construtora, e de guarda a forrageira — conforme ela envelhece. O conjunto de todas as operárias, por outro lado, é genial. Juntas, elas dão conta de todas as tarefas necessárias de modo simultâneo, e podem recalibrar seu esforço quando se deparam com emergências potencialmente letais, como enchentes, fome e ataques de colônias inimigas. Não pense que essa comparação seja descabida. Muita gente séria tratou do assunto em termos similares, como Douglas Hofstadter, em seu clássico *Gödel, Escher, Bach: Um entrelaçamento de gênios brilhantes*, publicado em 1979.

Uma importante vantagem adicional é a estreiteza no espectro de percepções humanas. Nossa visão, nossa audição e nossos outros sentidos comunicam a sensação de que estamos cientes de quase tudo ao redor tanto no tempo quanto no espaço. Mesmo assim, como já enfatizei, estamos cientes apenas de lascas mínimas de tempo-espaço, e ainda menos dos campos de energia dentro dos quais existimos. A mente consciente é um mapa da nossa atenção na intersecção em que se cruzam apenas aquelas partes de *continua* que por acaso ocupamos. Ela nos permite ver e saber desses fatos que mais afetam nossa sobrevivência no mundo real, ou, mais exatamente, no mundo real no qual nossos ancestrais pré-humanos evoluíram. Entender a informação sensorial e a passagem do tempo é entender grande parte da própria consciência. Avanços nesse rumo talvez se provem mais fáceis do que se pensava até então.

Minha última cartada a favor do otimismo é a necessidade humana de elaborar lembranças. Nossas mentes consistem em contar histórias. A cada instante, uma enchente de informação do mundo real flui pelos nossos sentidos. Não bastassem as limitações severas destes, as informações que eles recebem excedem em muito o que o cérebro consegue processar. A fim de aumentar essa fração, nós convocamos as narrativas de acontecimentos passados para obter contexto e significado. Sopesamos decisões tomadas em outro tempo, as certas e as erradas, e então olhamos à frente para elaborar diferentes suposições — dessa vez não só para lembrar delas posteriormente. Estas são ponderadas uma em relação às outras conforme os centros emocionais estimulados respondem, seja pelo efeito de supressão ou intensificação. Como se depreende de estudos recentes, faz-se uma escolha nos centros inconscientes do cérebro vários segundos antes de a decisão chegar à parte consciente.

A vida mental consciente é toda construída a partir da elaboração de lembranças. É uma revisão constante de histórias vividas no passado e histórias inventadas para o futuro. Por necessidade, a maioria se conforma ao mundo real presente da melhor forma que nossos reles sentidos conseguem processar. Memórias de fatos passados são repetidas por prazer, como ensaio, para planejar, ou ainda pela combinação desses três fatores. Algumas são alteradas para virar abstrações e metáforas, as unidades genéricas mais fortes que aumentam a velocidade e a efetividade do processo consciente.

A maior parte da atividade consciente contém elementos de interações sociais. Ficamos fascinados com as histórias e reações emocionais dos outros. Temos jogos, tanto imaginários quanto reais, baseados na leitura da intenção e da provável reação. Histórias sofisticadas desse nível exigem um cérebro grande que abrigue vastos bancos de memória. No mundo humano, essa capacidade evoluiu há muito tempo como apoio à sobrevivência.

Se a consciência tem base material, pode-se dizer o mesmo do livre-arbítrio? Colocando de outra forma, existe algo nas variadas atividades do cérebro que poderia se afastar do maquinário cerebral para criar conjunturas e tomar decisões próprias? A resposta, é óbvio, está no eu (self). E o que seria o eu? Onde ele fica? O eu não pode existir como ser paranormal que vive por conta própria dentro do cérebro. Ele é, isso sim, o protagonista das situações elaboradas. Nessas histórias ele está sempre no palco central; quando não participa, é pelo menos observador e comentarista, porque é aí que toda informação sensorial chega e é integrada. As histórias que compõem a mente consciente não podem ser retiradas do sistema físico neurobiológico, que serve de roteirista, diretor e elenco. O eu, apesar da ilusão de independência criada por essas suposições, faz parte da anatomia e da fisiologia do corpo.

O poder de explicar a consciência, contudo, será sempre limitado. Suponhamos que os neurocientistas de alguma maneira identificassem, em detalhes, todos os processos cerebrais de uma pessoa. Teriam como explicar a mente desse indivíduo em particular? Não, nem de perto. Seria necessário abrir a imensa reserva das memórias particulares do cérebro, tanto as imagens e fatos disponíveis à lembrança imediata quanto outros bem enterrados no inconsciente. E se esse feito fosse realizável, mesmo que de maneira limitada, sua realização modificaria as memórias e os centros emocionais que reagem às memórias, provocando a emergência de uma nova mente.

E ainda há o fator acaso. O corpo e o cérebro consistem em legiões de células intercomunicantes que variam em padrões dissonantes, inimagináveis às mentes conscientes que eles compõem. A cada instante as células são bombardeadas por estímulos externos que a inteligência humana não pode prever. Qualquer um desses eventos pode desencadear uma cascata de mudanças em padrões neurais locais, e conjunturas de mentes individuais por eles modificadas são praticamente infinitas em termo de detalhes. O conteúdo é dinâmico, muda a cada instante conforme o histórico e a fisiologia do indivíduo.

Como a mente individual não pode se descrever em sua totalidade, nem um pesquisador externo pode fazê-lo, o eu — a celebridade nas conjunturas da consciência — pode continuar acreditando ardentemente em sua independência e livre-arbítrio. E essa é uma circunstância darwiniana muito feliz. A confiança no livre-arbítrio é uma adaptação biológica. Sem ela, a mente consciente, no máximo uma janela escura e frágil para o mundo real, seria amaldiçoada pelo fatalismo. Como um prisioneiro confinado perpetuamente na solitária, privado de qualquer liberdade para explorar e sedento de surpresas, ela iria se deteriorar.

Então, o livre-arbítrio existe? Sim. Se não na realidade definitiva, pelo menos no sentido operacional necessário à sanidade e, assim, à perpetuação da espécie humana.

V

UM FUTURO HUMANO

NA ERA TECNOCIENTÍFICA, A LIBERDADE ADQUIRIU NOVO SIGNIFICADO. COMO UM ADULTO QUE EMERGE DA INFÂNCIA, TEMOS UMA GAMA DE OPÇÕES MUITO MAIS VASTA, MAS TAMBÉM UM NÚMERO COMPARAVELMENTE MAIOR DE RISCOS E RESPONSABILIDADES.

15. Livres e sozinhos no universo

O que a história da espécie nos conta? Estou me referindo à narrativa à qual a ciência deu visibilidade, não à visão arcaica embebida em religiões e ideologias. Acredito haver provas em número e clareza suficientes para nos dizer que fomos criados não por uma inteligência sobrenatural, mas pelo acaso e pela necessidade — a nossa, mais uma dentre os milhões de espécies na biosfera terrestre. Por mais que desejemos outra explicação, não há provas de uma graça externa a reluzir sobre nossa cabeça, nem sina ou propósito demonstrável que nos tenha sido concedido, nem uma segunda vida à nossa espera depois que a presente se encerrar. Assim, é mais fácil identificar a etiologia das crenças irracionais que lamentavelmente nos apartam. Estão dispostas à nossa frente novas opções, mal sonhadas em tempos pregressos. Elas nos capacitam a tratar com mais confiança da grande meta de todos os tempos: a unidade da raça humana.

O pré-requisito para que se atinja essa meta é uma autocompreensão aguda. Assim posto, qual é o sentido da existência humana? Já insinuei que é a épica da espécie, que, iniciada com a evolução e a pré-história biológicas, passou à história, com registros, e agora, urgentemente, dia a dia, cada vez mais rápido rumo ao futuro indefinido, também é aquilo que vamos decidir nos tornar.

Falar da existência humana é esmiuçar a diferença entre as humanidades e a ciência. As humanidades tratam em detalhe como os seres humanos se relacionam entre si e com o meio ambiente, incluindo plantas e animais de importância estética e funcional. A ciência trata do resto. A visão de mundo das humanidades, fechada em si, descreve a *condição humana* — mas não por que ela é assim e não assado. A visão de mundo científica é imensamente mais ampla. Ela engloba o sentido da *existência humana* — os princípios gerais da condição humana, onde a espécie se encaixa no universo, e por que, acima de tudo, ela existe.

A humanidade é fruto de um acidente da evolução, produto de mutação randômica e da seleção natural. Nossa espécie foi só uma ponta entre várias voltas e reviravoltas numa única estirpe de primatas do Velho Mundo (prossímios, macacos, símios, humanos), dos quais hoje existem centenas de outras espécies nativas, cada uma produto de suas próprias voltas e reviravoltas. Poderíamos tranquilamente continuar a ter sido mais um australopiteco com cérebro de tamanho símio, colhendo frutas e pegando peixes, que, assim como os outros australopitecos, chegaria à extinção.

Nos 400 milhões de anos em que animais de grande porte ocuparam a superfície, o *Homo sapiens* foi o único cuja inteligência evoluiu a ponto de criar uma civilização. Nossos parentes geneticamente mais próximos, os chimpanzés, hoje representados por duas espécies (o chimpanzé comum e o bonobo), são os que chegaram mais perto. A linhagem humana e a do chimpanzé se dividiram a partir de uma estirpe comum na África há aproximadamente 6 milhões de anos. Cerca de 200 mil gerações se passaram, tempo suficiente para a seleção natural forçar uma série de grandes modificações genéticas. Os pré-humanos possuíam certas vantagens que predispunham o rumo de sua evolução subsequente. Entre elas incluíam-se, no princípio, uma vida parcialmente arbórea e o uso livre dos membros posteriores dela decorrente. Então essa condição arcaica mudou para uma vida fundamentalmente em solo. Dentre as condições favoráveis estavam ancestrais de cérebro grande e um continente imenso com clima adequado e imensa área de pastagem, entremeada de floresta seca e aberta. Em anos posteriores, as precondições favoráveis incluíram fogos de chão frequentes, que estimularam o crescimento de plantas herbáceas e arbustivas. Além disso, e mais importante, os fogos possibilitaram uma mudança na dieta: a carne cozida. Essa rara combinação de circunstâncias ao longo da ascensão evolutiva, aliada à sorte (não houve mudança climática devastadora, erupções vulcânicas ou pandemias graves), fez os dados rolarem a favor dos primeiros humanos.

Como se fossem deuses, seus descendentes saturaram uma imensa parte da Terra e alteraram a restante em diversos níveis. Nós nos convertemos na mente do planeta e talvez também na de todo nosso cantinho da galáxia. Fazemos com a Terra o que bem entendemos. Estamos sempre batendo boca, insistindo que vamos destruí-la — por guerra nuclear, mudança climática ou no apocalíptico Segundo Advento, preconizado pelas Sagradas Escrituras.

Seres humanos não são perversos por natureza. Temos bastante inteligência, benevolência, generosidade e iniciativa para fazer da Terra um paraíso tanto para nós quanto para a biosfera que nos deu a luz. Podemos realizar essa meta razoavelmente, ou pelo menos entrar na rota dessa meta, ao fim do século atual. O problema que trava tudo até o momento é o fato de o *Homo sapiens* ser uma espécie inatamente defeituosa. Ficamos obstruídos pela Maldição Paleolítica: adaptações genéticas que deram muito certo durante milhões de anos de existência de caçadores-coletores, mas que cada vez mais constituem um obstáculo na sociedade global urbana e tecnocientífica. Parece que somos incapazes de estabelecer políticas econômicas ou qualquer forma de governo mais avançadas que aquelas que praticávamos quando na aldeia. Além disso, a grande maioria das pessoas no mundo ainda se submete às religiões tribalistas, comandadas por quem afirma ter poder sobrenatural para competir pela obediência e pelos recursos dos fiéis. Somos viciados no conflito tribal, que é inofensivo e divertido se sublimado em esportes, mas mortal se expresso em conflitos étnicos, religiosos e ideológicos. Existem outras predisposições hereditárias. Paralisados no nosso ensimesmamento para proteger o restante da vida, continuamos a devastar o meio ambiente natural, a herança insubstituível e mais preciosa de nossa espécie. E ainda é tabu propor políticas populacionais baseadas na otimização da densidade demográfica, na distribuição geográfica e na distribuição etária. É uma ideia que soa "fascista". De qualquer forma, podemos adiar esse debate por uma ou duas gerações — ou assim esperamos.

A disfunção da espécie produziu a miopia hereditária com a qual temos uma familiaridade incômoda. As pessoas acham difícil se importar com outras alheias a sua tribo ou país, e ainda assim não se preocupam muito além de uma ou duas gerações. É ainda mais difícil zelar por espécies animais — salvo cachorros, cavalos e outros (poucos) que domesticamos até virarem companhias servis.

A maioria dos líderes religiosos, políticos e empresariais aceitou explicações sobrenaturais para a existência humana. Mesmo que céticos na vida privada, eles têm pouco interesse em se opor a líderes religiosos ou em incomodar desnecessariamente o povo, do qual derivam poder e privilégio. Os cientistas, que podem contribuir com uma visão de mundo mais realista, são os que mais decepcionam. Em sua maioria servis, são anões intelectuais que se contentam em permanecer dentro da estreiteza das especialidades para as quais se instruíram e pelas quais são pagos.

Parte dessa disfunção vem, naturalmente, do estado juvenil da civilização global, ainda uma obra em progresso. Mas a maior parte se deve simplesmente ao fato de que nossos cérebros foram muito mal instalados. A natureza humana hereditária é o legado genético de nosso passado pré-humano e paleolítico — o "selo indelével de nossa modesta origem", como identificou Charles Darwin, primeiro na anatomia (*A descendência do homem*, 1871) e depois nos sinais faciais da emoção (*A expressão das emoções no homem e nos animais*, 1872). Psicólogos evolucionistas vêm insistindo em explicar o papel da evolução biológica nas variações de gênero, no desenvolvimento mental infantil, na competição por status, na violência tribal e até nas opções de dieta.

Como já sugeri em outros textos, a cadeia de causalidade vai ainda mais fundo, chegando até o nível da organização biológica na qual a seleção natural funciona. O comportamento egoísta dentro do grupo pode fornecer vantagens competitivas, mas em geral é nocivo para o grupo. Em direção oposta à seleção em nível individual, funciona a seleção de grupo — grupo versus grupo. Quando um indivíduo é cooperativo e altruísta, sua vantagem competitiva se reduz em comparação aos outros membros, mas seu comportamento aumenta a taxa de sobrevivência e reprodução do grupo. Em resumo, a seleção individual favorece o que chamamos de pecado e a seleção de grupo favorece a virtude. O resultado é o conflito de consciência que a todos aflige, menos aos psicopatas — que, felizmente, estima-se compor apenas 1% a 4% da população.

Os produtos dos dois vetores opostos na seleção natural estão inculcados em nossas emoções e raciocínio e não podem ser apagados. O conflito interno não é um defeito pessoal, mas uma qualidade humana atemporal. Não existe tal conflito em águias, raposas ou aranhas, por exemplo, cujas características nasceram unicamente da seleção individual, ou numa formiga operária, cujas características sociais foram totalmente moldadas pela seleção de grupo.

O conflito interno na consciência, causado por níveis concorrentes de seleção natural, é mais do que apenas um tema arcano para ponderação de biólogos voltados para a teoria. Não são o bem e o mal se digladiando em nosso peito. É uma característica biológica fundamental para entender a condição humana e necessária à sobrevivência da espécie. As pressões de seleção opostas durante a evolução genética dos pré-humanos produziram uma mistura instável de reações emocionais inatas. Criaram uma mente que é contínua e caleidoscopicamente variável no humor — pode ser orgulhosa, agressiva, curiosa, aventureira, tribal, valente, humilde, patriota, empática e carinhosa. Todos os humanos normais são nobres e ignóbeis — em geral revezam essas inclinações, às vezes manifestam-nas simultaneamente.

A instabilidade das emoções é uma qualidade que deveríamos preservar. Ela é a essência do caráter humano e a fonte de nossa criatividade. Precisamos nos entender tanto em termos evolutivos quanto psicológicos para planejar um futuro mais racional e à prova de catástrofes. Precisamos aprender a nos comportar — mas não cogitemos domesticar a natureza humana.

Os biólogos criaram o conceito muito producente de carga tolerável de parasitas, que se define como onerosa mas não insuportável. Quase todas as espécies de plantas e animais carregam parasitas em si, que por definição são outras espécies que vivem sobre ou dentro dos corpos dos hospedeiros e, na maioria dos casos, se apropriam de alguma parte deles, sem matá-los. Parasitas são, para resumir, predadores que devoram suas presas em unidades menores que um. Parasitas toleráveis são aqueles que evoluíram a ponto de garantir sua sobrevivência e reprodução, mas ao mesmo tempo com dor e custo mínimos ao hospedeiro. Seria um erro um indivíduo tentar eliminar todos seus parasitas toleráveis. Demoraria muito e prejudicaria demais suas funções corporais. Sugiro aos incrédulos pensar como exterminar os ácaros demodex quase microscópicos que neste momento podem (com probabilidade de mais ou menos 50%) estar vivendo na base de suas sobrancelhas. Além disso, que pensem nos milhões de bactérias não amigáveis que habitam, junto às amigáveis, os sucos cheios de nutrientes da nossa boca.

Características destrutivas inatas da vida social podem ser consideradas análogas à presença física de organismos parasitas, e a redução cultural de seu impacto como a diminuição de uma carga dogmática tolerável. Um exemplo óbvio do último caso é a fé cega em mitos sobrenaturais da criação. É claro que, hoje, moderar a carga dogmática seria difícil na maior parte do mundo, até mesmo perigoso. Os mitos servem tanto para controlar e subordinar os fiéis, como para garantir a superioridade religiosa em relação a crentes de mitos da criação diferentes. Examinar em detalhe cada um desses mitos, objetivamente, e explorar suas origens históricas seria um bom começo, que muitas disciplinas acadêmicas já encamparam (embora lenta e escrupulosamente). Um segundo passo, claramente irrealizável, seria pedir aos líderes de cada religião e cada seita que, apoiados por teólogos, defendessem publicamente os detalhes sobrenaturais de suas fés em comparação com outras, baseados em causas naturais e na análise histórica.

Tem sido prática universal denunciar como blasfêmia esses desafios ao cerne das diferentes crenças. Mas não seria um absurdo, no mundo bem informado de hoje, inverter a prática e acusar de blasfêmia todo líder religioso ou político que afirmasse falar com ou em nome de Deus — assim, a dignidade pessoal do crente ficaria acima da dignidade da crença que exige sua obediência inconteste. Talvez no futuro seja até possível organizar conferências sobre o Jesus histórico em igrejas evangélicas e, quem sabe, publicar imagens de Maomé sem correr risco de vida.

Esse seria o grito de liberdade. A mesma prática pode ser adotada nas ideologias políticas dogmáticas tão disseminadas pelo mundo. O raciocínio por trás dessas religiões seculares é sempre o mesmo: uma proposta que se considera logicamente verdadeira, seguida por uma explicação que vem de cima para baixo e uma lista seleta de evidências que a corrobora. Tanto fanáticos quanto ditadores sentiriam sua força se esvair se fossem convidados a explicar suas conjecturas ("por favor, seja mais claro") e comprovar a base de suas crenças.

A negação da evolução biológica, de base religiosa, é um dos mais virulentos parasitas culturais. Aproximadamente metade dos norte-americanos (46% em 2013, que eram 44% em 1980), a maioria dos quais cristãos evangélicos, junto a uma fração comparável de muçulmanos espalhados pelo mundo, acredita que esse processo nunca aconteceu. Como criacionistas, insistem que Deus criou a humanidade e todo o restante da vida em um de seus inúmeros mega-acessos mágicos. Suas mentes se recusam a aceitar as abundantes provas factuais da evolução, cada vez mais inter-relacionadas em cada nível de organização biológica, desde moléculas até ecossistemas e a geografia da biodiversidade. Essas pessoas ignoram — ou, mais exatamente, consideram uma virtude essa insistência na ignorância — a evolução constante que se observa na área e que é rastreada até mesmo pelos genes. Também desconsideram as novas espécies criadas em laboratório. Para eles, a evolução é no máximo uma teoria sem provas. Para alguns poucos, uma ideia inventada por Satã e comunicada por Darwin e outros cientistas para desencaminhar a humanidade. Quando eu era criança e frequentava uma igreja evangélica na Flórida, me ensinaram que os agentes seculares de Satã são extremamente espertos e determinados, mas que são todos mentirosos, tanto homens quanto mulheres, e que, independente do que eu ouvisse, eu deveria tapar meus ouvidos e apegar-me à verdadeira fé.

Numa democracia, somos todos livres para acreditar no que bem entendermos. Então, por que considerar como um virulento parasita cultural uma opinião como o criacionismo? Porque ela representa um triunfo da fé religiosa, cega, sobre fatos minuciosamente comprovados. Ela não é uma concepção de realidade forjada por evidências e juízo lógico. Em vez disso, é parte do ingresso que se paga para entrar numa tribo religiosa. A fé é a prova da submissão de uma pessoa a determinado deus — às vezes nem à divindade diretamente, mas a outros humanos que afirmam representar esse deus.

O custo de abaixar a cabeça tem sido enorme para toda a sociedade. A evolução é um processo fundamental do universo, não apenas de organismos vivos mas em todo lugar, em todos os níveis. Analisá-la é vital à biologia, incluindo a medicina, a microbiologia e a agronomia. Além disso, a psicologia, a antropologia e até a história da religião em si não fazem sentido sem a evolução como componente-chave, a ser acompanhado ao longo da passagem do tempo. A negação explícita da evolução — que se apresenta como parte da "ciência da criação" — é uma falsidade deslavada, o equivalente adulto a tapar os ouvidos e um déficit para qualquer sociedade que decida aceitar uma fé fundamentalista.

Claro que há consequências positivas da fé cega. Ela dá alento a seus seguidores e promove maior união entre grupos, bem como a caridade e o temor à lei. Talvez a carga dogmática seja mais tolerável diante desses serviços. Ainda assim, a força maior que conduz a fé cega não é a inspiração divina, mas o certificado de afiliação a um grupo. O bem-estar do grupo e a defesa de seu território têm origem biológica, não sobrenatural. Salvo em sociedades de repressão teológica, hoje em dia não é difícil mudar de religião, casar com seguidores de outra fé ou mesmo abandonar por completo a religião, e nem por isso se perdem os valores morais ou, igualmente importante, a capacidade de se indagar.

Há outros equívocos arcaicos externos à religião que enfraquecem a cultura, embora com uma base mais lógica e honrosa. A mais importante é a crença de que os dois grandes ramos do aprendizado — a ciência e as humanidades — são intelectualmente independentes. E não só: quanto mais eles tomarem distância, melhor.

Já defendi aqui que enquanto o conhecimento científico e a tecnologia continuarem a crescer exponencialmente, duplicando a cada uma ou duas décadas conforme a disciplina, essa taxa de crescimento vai inevitavelmente diminuir. As descobertas, já tendo gerado um vasto conhecimento, vão desacelerar e não serão tão numerosas. Em questão de décadas, o conhecimento inerente à cultura tecnocientífica será obviamente enorme se comparado ao presente, mas também idêntico em todo o mundo. O que continuará a evoluir e a diversificar-se indefinidamente são as humanidades. Se é possível dizer que nossa espécie tem uma alma, ela reside nas humanidades.

Ainda assim, esse grande ramo do conhecimento, que inclui as artes criativas e sua crítica acadêmica, ainda é obstruído pelas limitações sérias e muito desprezadas do mundo sensorial no qual a mente humana existe. Somos primariamente audiovisuais e não temos ciência do mundo do paladar e do olfato no qual existe a maioria dos milhões de outras espécies. Não prestamos a devida atenção ao campo elétrico e magnético que certos animais utilizam para se orientar e se comunicar. Mesmo em nosso mundo de visão e som, somos relativamente cegos e surdos, capazes de perceber diretamente não mais que segmentos mínimos do espectro eletromagnético, tampouco toda a gama de frequências de compressão que nos atravessam como ondas, por terra, ar e água.

E isso é só o início. Embora as particularidades das artes criativas sejam potencialmente infinitas, os arquétipos e instintos que elas projetam são, na verdade, muito poucos. O conjunto de emoções que produzem, até os mais potentes, é escasso — para se ter uma ideia, os instrumentos de uma orquestra completa são mais numerosos. Artistas criativos e pesquisadores das humanidades no geral possuem pouco entendimento do imenso continuum do espaço-tempo na Terra, tanto em suas partes vivas quanto não vivas, e ainda menos do sistema solar e do universo. Eles têm a percepção correta do *Homo sapiens* como espécie bastante distinta, mas passam pouco tempo se perguntando sobre o que isso quer dizer ou por que é assim.

A ciência e as humanidades são essencialmente distintas, de fato, no que dizem e no que fazem. Mas são complementares na origem e originam-se do mesmo processo criativo no cérebro humano. Se o poder heurístico e analítico da ciência se aliar à criatividade introspectiva das humanidades, a existência humana ascenderá a um sentido infinitamente mais produtivo e interessante.

Apêndice

OS LIMITES DA APTIDÃO INCLUSIVA

Dada a importância da teoria genética utilizada para explicar as origens biológicas do altruísmo e da organização social avançada, assim como a recente controvérsia amplamente divulgada em torno do assunto, incluo aqui uma crítica recente à teoria da aptidão inclusiva que aponta o motivo pelo qual ela deveria ser substituída pela genética populacional com base experimental. O material apresentado consiste num relatório de pesquisa já publicado, do qual foram suprimidas as análises e as referências matemáticas. O artigo passou por revisão intensa de peritos antes da publicação.

Referência: "Limitations of Inclusive Fitness", de Benjamin Allen, Martin A. Nowak e Edward O. Wilson, *Proceedings of the National Academy of Sciences USA*, v. 110, n. 50, pp. 20135-9 (2013).

A teoria da aptidão inclusiva consiste na ideia de que o sucesso evolutivo de uma característica pode ser calculado a partir da soma dos efeitos de aptidão multiplicados pelo coeficiente de parentesco. Apesar de análises matemáticas recentes terem demonstrado as limitações dessa abordagem, seus defensores afirmam que ela é tão abrangente quanto a própria teoria da seleção natural. Essa afirmação se baseia na utilização da regressão linear para dividir a aptidão de um indivíduo em componentes que se devem ao eu e a outros. Demonstramos que esse método de regressão é incapaz de prever ou interpretar processos evolutivos. Ele não é apto a distinguir, particularmente, correlação e causalidade, o que leva a equívocos na interpretação de conjunturas elementares. As deficiências do método de regressão sublinham as limitações da teoria da aptidão inclusiva no geral.

Até pouco tempo atrás, a aptidão inclusiva vinha sendo amplamente aceita como método geral para explicar a evolução do comportamento social. Afirmando e ampliando críticas prévias, demonstramos que a aptidão inclusiva na verdade é um conceito limitado, que existe apenas para um pequeno subconjunto de processos evolutivos. A aptidão inclusiva presume que uma aptidão particular é a soma de componentes cumulativos causada por ações particulares. Essa suposição não se sustenta na maioria dos processos ou conjunturas evolutivas. Para esquivar-se dessa limitação, teóricos da aptidão inclusiva propuseram um método que utiliza a regressão linear. A partir dele, afirma-se que a teoria da aptidão inclusiva (i) prevê o direcionamento de mudanças de frequência em alelos, (ii) revela os motivos por trás dessas mudanças, (iii) é tão geral quanto a seleção natural e (iv) fornece um princípio projetual universal da evolução. Neste artigo, avaliamos essas afirmações e demonstramos que nenhuma delas possui fundamento. Se o objetivo é analisar se as mutações que alteram o comportamento social são favorecidas ou negadas pela seleção natural, então nenhum aspecto da teoria da aptidão inclusiva nos pode ser útil.

A teoria da aptidão inclusiva é uma abordagem que busca considerar os efeitos de aptidão na evolução social. Foi apresentada pela primeira vez em 1964 por W. D. Hamilton, que mostrou que, em determinadas circunstâncias, a evolução escolhe organismos com a maior aptidão inclusiva. Esse resultado foi interpretado como princípio projetual: organismos evoluídos agem de forma a maximizar sua aptidão inclusiva.

Hamilton definiu a aptidão inclusiva da seguinte forma:

> Pode-se imaginar a aptidão inclusiva como a aptidão pessoal que um indivíduo expressa de fato em sua produção de prole adulta da forma como esta é após ser despida e depois melhorada em algum aspecto. Ela é despida de todo componente que se pode considerar ocasionado pela ambientação social do indivíduo; deixamos de lado a aptidão que ele expressaria se não tivesse sido exposto a nenhum dos prejuízos ou benefícios desse meio ambiente. Essa quantidade então é ampliada por certas frações das quantidades de prejuízo e benefício que o próprio indivíduo provoca em relação à aptidão de seus vizinhos. As frações em questão são simplesmente os coeficientes de relação apropriados aos vizinhos que ele afeta: uma unidade para indivíduos clones, metade para irmãos, um quarto para meios-irmãos, um oitavo para primos... e, por fim, zero para todos os vizinhos cuja relação possa ser considerada desprezível de tão baixa.

Embora as formulações modernas da teoria da aptidão inclusiva usem diferentes coeficientes de parentesco, todos os outros aspectos da definição de Hamilton permanecem inabalados.

O ponto crucial aqui é que se presume que a aptidão pessoal pode ser subdividida em componentes cumulativos provocados por ações individuais. A aptidão pessoal de determinado indivíduo é despojada de todo componente que seja consequência do "meio ambiente social". Isso quer dizer que devemos subtrair da aptidão pessoal de um indivíduo todo efeito que se deve a outros indivíduos. Na sequência, temos que calcular como o tal indivíduo afeta a aptidão pessoal de todos os outros indivíduos da população. Em ambos os casos, temos que supor que a aptidão pessoal pode ser expressada como a soma de componentes provocados por ações individuais. A aptidão inclusiva é o efeito da ação sobre o agente mais os efeitos da ação sobre outros multiplicada, em cada caso, pelo parentesco entre o agente e os outros.

Fica imediatamente óbvio que a suposição de cumulatividade, que é essencial ao conceito de aptidão inclusiva, não precisa ser sempre válida. Por exemplo: a aptidão pessoal de um indivíduo pode ser uma função não linear da ação de outros. Ou a sobrevivência de um indivíduo poderia exigir a ação simultânea de vários outros; o sucesso reprodutivo da formiga-rainha, por exemplo, talvez exija a ação coordenada de grupos de operárias especializadas. Experimentos descobriram que os efeitos de aptidão de comportamentos cooperativos em micróbios não são cumulativos. Fica evidente que, no geral, não se pode supor que efeitos de aptidão sejam cumulativos.

DUAS ABORDAGENS DA APTIDÃO INCLUSIVA

Na literatura sobre aptidão inclusiva há duas abordagens para tratar da limitação da cumulatividade. A primeira delas é restringir a atenção a modelos simplificados, nos quais a cumulatividade se sustenta. Por exemplo: a formulação original de William

D. Hamilton quanto à teoria da aptidão inclusiva aceita a cumulatividade como suposição. A cumulatividade também decorre quando se supõe que mutações têm apenas leves efeitos sobre fenótipos e que a aptidão varia levemente segundo os fenótipos.

M. A. Nowak, C. E. Tarnita e E. O. Wilson investigaram as bases matemáticas dessa primeira abordagem. Eles demonstraram que esse enfoque também exige uma série de suposições restritivas que vão além da cumulatividade dos efeitos de aptidão, e portanto só é aplicável a um subconjunto limitado de processos evolutivos. Mais de cem autores reagiram a esse postulado e assinaram a declaração de que "a aptidão inclusiva é tão geral quanto a própria teoria genética da seleção natural". Como podemos entender essa aparente contradição?

A resposta é a seguinte: essa afirmação se baseia numa outra abordagem, alternativa, que trata do problema da cumulatividade em retrospecto. Nessa abordagem, o resultado da seleção natural já deve ser conhecido ou especificado de saída, e o objetivo é encontrar custos e benefícios cumulativos que poderiam ter gerado esse resultado — independente de eles corresponderem ou não a interações biológicas reais. O custo (C) e o benefício (B) são determinados a partir da regressão linear. A alteração na frequência de genes então é reescrita no formato $BR — C$, sendo que R quantifica o parentesco. Esse método de regressão foi apresentado por Hamilton em um trabalho subsequente à sua proposta original sobre a teoria da aptidão inclusiva e foi refinado posteriormente até se transformar numa fórmula para reescrever alterações de frequência no formato da regra de Hamilton.

O método de regressão escora muitas afirmações sobre o poder e a generalidade da teoria da aptidão inclusiva. Por exemplo: muitas vezes se afirma que o método de regressão permite à aptidão inclusiva afastar a exigência de cumulatividade e que ele gera uma previsão da orientação da seleção natural, levando a um entendimento quantitativo de qualquer alteração de frequência como consequência de interações sociais entre parceiros com parentesco.

Aqui avaliamos essas afirmações perguntando o que o método de regressão revela, se é que revela algo, sobre uma dada variação evolutiva. Mostramos que as afirmações do poder profético e explanatório do método são falsas, e a afirmação de sua generalidade não é significativa a ponto de poder ser avaliada. Essas descobertas põem em questão a ideia de que a aptidão inclusiva fornece um princípio projetual universal para a evolução — na verdade, esse princípio projetual não existe.

O MÉTODO DE REGRESSÃO NÃO PRODUZ PREVISÕES

Agora avaliamos as diversas afirmações que se fazem em relação ao método de regressão, a começar pela afirmação de que ele prevê o direcionamento da seleção. Essa afirmação não pode ser verdadeira, pois a frequência de variação de alelos em relação ao intervalo de tempo considerado é especificada de saída. A "previsão" apenas recapitula o que já se sabe, de forma que o sinal de $BR — C$ concorda com o resultado predeterminado.

O método de regressão tampouco prevê o que acontecerá ao longo de intervalos de tempo diferentes ou sob condições distintas. Se a situação ou o intervalo de tempo estudados variam, os dados iniciais devem ser reespecificados e o método reaplicado, o que leva a resultados novos e independentes.

Essa previsão claudicante não nos surpreende. Pela lógica, é impossível prever o resultado de um processo sem fazer suposições prévias sobre seu comportamento. Na ausência de qualquer suposição modeladora, tudo o que se pode fazer é reescrever os dados recebidos de outra forma.

Pesquisadores experimentais já notaram a incapacidade de previsão do método. Um estudo recente aplicou o método de regressão à produção cooperativa de um agente necessário à resistência antibiótica na *Escherichia coli*. Os autores concluem que "mesmo que se tenham medido os valores de B, C e R em um sistema determinado de produtores e não produtores, não se pode prever qual será o resultado de variar ou a estrutura da população ou a bioquímica dos indivíduos".

O MÉTODO DE REGRESSÃO NÃO PRODUZ EXPLICAÇÕES CAUSAIS

Agora vamos avaliar o poder explicativo do método de regressão. Ao que parece, a literatura atual não é unânime a esse respeito. Alguns trabalhos afirmam que o método rende explicações causais para a mudança de frequência, enquanto outros afirmam que ele apenas fornece um auxílio conceitual aproveitável. No mais, as quantidades derivadas do método de regressão normalmente são descritas em termos de comportamentos sociais como altruísmo e rancor, o que imbui essas quantidades de um "lustro causal" mesmo que não se façam afirmações diretas de causalidade.

A afirmação de que o método de regressão identifica as causas de frequência de variação de alelos não pode estar correta, porque a regressão só consegue identificar correlação, e correlação não implica causação. No mais, como o método de regressão tenta encontrar efeitos de aptidão social cumulativa que estejam de acordo com os dados apurados, a expectativa é que ele renda resultados enganadores quando as interações sociais não forem cumulativas, ou quando a variação de aptidão for causada por outros fatores. Com base nesse princípio, apresentamos três situações hipotéticas nas quais o método de regressão identifica erroneamente os motivos para alteração de frequência.

Na primeira situação hipotética, uma característica de "aproveitador" leva seu portador a buscar indivíduos de alta aptidão e interagir com eles. Suponhamos que essas interações não afetem a aptidão. Contudo, esse comportamento de buscar leva a aptidão a se correlacionar positivamente com ter um aproveitador como parceiro; assim, o método de regressão rende $B > 0$. Segundo a interpretação proposta, aproveitadores deviam ser entendidos como cooperativos, que outorgam alta aptidão a seus parceiros. Contudo, isso obviamente entende a causalidade ao contrário — a alta aptidão provoca a interação, não o contrário.

Variações desse comportamento aproveitador podem ocorrer em diversos sistemas biológicos. Um passarinho pode optar por entrar no ninho de um casal de alta aptidão, com o objetivo de talvez herdar o ninho. De maneira similar, uma vespa social pode ser mais propensa a ficar no ninho dos pais se o pai tiver alta aptidão, também com o objetivo de eventual herança. Aplicar esse método de regressão a tais situações poderia nos levar a confundir comportamentos puramente ensimesmados com cooperação.

O segundo exemplo é a característica "ciúme". Indivíduos ciumentos buscam parceiros de alta aptidão e os atacam com o objetivo de reduzir sua aptidão. Suponhamos que esses ataques sejam custosos a quem ataca, mas apenas moderadamente eficazes, de tal forma que os indivíduos atacados ainda tenham aptidão acima da média após o ataque. O método de regressão dá $B, C > 0$, o que sugere que os indivíduos ciumentos se envolvem numa operação de alto custo. Mais uma vez, essa interpretação está errada: os ataques são nocivos, e a correção de aptidão positiva se deve à escolha de parceiros de interação e à ineficácia dos ataques.

O terceiro exemplo é a característica "enfermeira". Uma enfermeira buscará indivíduos de baixa aptidão e fará tentativas onerosas de melhorar sua aptidão. Suponhamos, contudo, que esse auxílio seja apenas moderadamente eficaz, de tal forma que os indivíduos auxiliados ainda fiquem com aptidão abaixo da média. O método de regressão dá $B < 0$, $C > 0$, o que leva à interpretação errônea dessa aptidão baixa restante como algo que se deve à sabotagem onerosa da parte das enfermeiras.

ABORDAGENS "SEM SUPOSIÇÕES"

Por fim, voltemo-nos à afirmação de que a teoria da aptidão inclusiva é "tão geral quanto a própria teoria genética da seleção natural". O argumento é o seguinte: como o método de regressão pode ser aplicado a uma mudança arbitrária na frequência de alelos (independente das causas reais dessa mudança), por conseguinte cada ocorrência de seleção natural é explicada pela teoria da aptidão inclusiva.

Contudo, como vimos, o método de regressão dá uma explicação do tipo "é porque é", que não prevê nem explica nada sobre a conjuntura dada nem outra qualquer. É claro que podem existir casos nos quais o método de regressão fornece explicações causais corretas, e também podem haver casos nos quais os resultados obtidos em uma conjuntura sejam mais ou menos precisos em alguns outros. Contudo, o método não fornece critérios para identificar esses casos — aliás, formular esses critérios exigiria suposições extras sobre os processos subjacentes. Sem tais suposições, os resultados do método de regressão não respondem a pergunta científica alguma sobre a situação em estudo. A afirmação de generalidade é, portanto, insignificante.

Essa ausência de utilidade não ocorre devido a omissão técnica. Na verdade, ela surge da tentativa de ampliar a regra de

Hamilton a toda ocorrência de seleção natural. Esse impulso é compreensível, dado o apelo intuitivo da formulação original de Hamilton. Contudo, o poder de uma armação teórica deriva de suas suposições, de forma que uma teoria sem suposições não pode prever nem explicar nada. Como Wittgenstein discutiu em seu *Tractatus Logico-Philosophicus*, toda afirmação que é verdadeira em qualquer situação não contém informação específica sobre nenhuma situação em particular.

NÃO EXISTE PRINCÍPIO PROJETUAL UNIVERSAL

O conceito de aptidão inclusiva surge quando se tenta explicar a evolução do comportamento social no nível do indivíduo. Por exemplo: a teoria da aptidão inclusiva busca explicar a existência de formigas operárias estéreis partindo do comportamento das próprias operárias. A explicação proposta é que as operárias maximizam sua aptidão inclusiva ajudando a rainha em vez de produzir sua própria prole.

A afirmação de que a evolução maximiza a aptidão inclusiva tem sido interpretada com princípio universal projetual da evolução. Esta afirmação se baseia numa proposta de Hamilton, de que a evolução maximiza a aptidão inclusiva média de uma população, e em outro argumento, de Alan Grafen, de que organismos evoluídos tendem a maximizar sua aptidão inclusiva. Esses dois argumentos dependem de suposições restritivas, entre os quais a cumulatividade dos efeitos de aptidão. Como experimentos demonstraram que efeitos de aptidão em populações biológicas reais são não cumulativos, não se pode esperar que esses resultados se sustentem em geral. Além disso, tanto a teoria quanto os experimentos demonstraram que a seleção que depende da frequência pode levar a fenômenos dinâmicos complexos, como equilíbrios múltiplos e variados, ciclos-limite e atratores caóticos, que excluem a possibilidade de maximantes gerais. Assim, a evolução, no geral, não leva à maximização da aptidão inclusiva, nem a nenhuma outra quantidade.

ABORDAGENS DO SENSO COMUM À TEORIA EVOLUTIVA

Felizmente, para entender a evolução do comportamento social não fazem falta maximantes universais ou princípios projetuais necessários. Em vez disso, podemos nos apoiar numa abordagem genética direta: pense nas mutações que modificam o comportamento. Em quais condições elas são favorecidas (ou desfavorecidas) pela seleção natural? O alvo da seleção não é o indivíduo, mas o alelo ou conjunto genômico que afeta o comportamento.

Para investigar essas questões teoricamente, são necessárias suposições modelantes. Tais suposições podem ser bastante específicas, aplicáveis apenas a situações biológicas particulares, ou amplas, aplicáveis a uma ampla gama de conjunturas. Armações modelares que dependem de suposições gerais (mas precisas) emergiram recentemente como ferramenta bastante apta para estudar a evolução de populações estruturadas espacialmente, por grupos, e fisiologicamente; a evolução de traços contínuos; e a própria teoria da aptidão inclusiva (em casos nos quais os efeitos de aptidão são cumulativos e se satisfaçam outras exigências). Embora essas armações pudessem ser usadas para obter resultados genéricos, nenhuma delas é universal ou livre de suposições. Ao contrário, elas se apoiam em suposições para fazer previsões bem definidas, testáveis, sobre os sistemas aos quais se aplicam.

DISCUSSÃO

A teoria da aptidão inclusiva tenta encontrar um princípio projetual universal para a evolução que se aplique ao nível do indivíduo. O resultado é uma quantidade inobservável que não existe no geral (caso se exija a cumulatividade), ou não tem valor de previsão ou explicação (caso se use o método de regressão). Se, em vez disso, tomarmos uma perspectiva genérica e questionarmos se a seleção natural vai favorecer ou opor alelos que alteram o comportamento social, não existe necessidade de aptidão inclusiva.

A dominância da teoria da aptidão inclusiva travou o progresso nessa área por muitas décadas. Ela frequentemente abafou críticas sensatas e abordagens alternativas. Em particular, a tentativa de afastar as exigências de cumulatividade usando métodos de regressão levou à ofuscação lógica e a afirmações falsas quanto a sua universalidade. Cálculos de aptidão inclusiva razoável que supõem cumulatividade representam um método alternativo que dá conta dos efeitos de aptidão em algumas poucas e limitadas situações, mas esse método nunca é necessário e geralmente é complexo sem necessidade. Não há nenhum problema na biologia evolutiva que exija uma análise baseada na aptidão inclusiva.

Tendo percebido as limitações da aptidão inclusiva, a sociobiologia agora tem como seguir adiante. Incentivamos o desenvolvimento de modelos realistas baseados num entendimento firme da história natural. Com o auxílio da genética populacional, da teoria dos jogos evolutivos e de novos procedimentos analíticos ainda a se desenvolver, poderá emergir uma teoria sociobiológica forte e resiliente.

Agradecimentos

Sou grato a John Taylor (Ike) Williams por seu apoio e consultoria, a Robert Weil por sua orientação editorial neste e em outros livros que publiquei pela W. W. Norton, e a Kathleen M. Horton por sua assistência em pesquisa, funções editoriais e na preparação do manuscrito.

O capítulo 2, "Resolvendo o enigma da espécie humana", é uma variação de "The Riddle of the Human Species", publicado no *New York Times Opinionator*, de 24 de fevereiro de 2013. O capítulo 3, "A evolução e nosso conflito interno", foi modificado a partir de um artigo no *New York Times Opinionator*, de 24 de junho de 2012. O capítulo 11, "O colapso da biodiversidade", é uma versão modificada de "Beware the Age of Loneliness", publicado em *The World in 2014, The Economist*, de novembro de 2013, p. 143.

Índice remissivo

1ª EDIÇÃO [2018] 2 reimpressões

ESTA OBRA FOI COMPOSTA EM MINION PELO ACQUA ESTÚDIO E IMPRESSA
PELA GRÁFICA BARTIRA EM OFSETE SOBRE PAPEL PÓLEN BOLD DA SUZANO S.A.
PARA A EDITORA SCHWARCZ EM ABRIL DE 2022

A marca FSC® é a garantia de que a madeira utilizada na fabricação do papel deste livro provém de florestas que foram gerenciadas de maneira ambientalmente correta, socialmente justa e economicamente viável, além de outras fontes de origem controlada.